CONTENTS

Bot Factory
SPECIAL SECTION

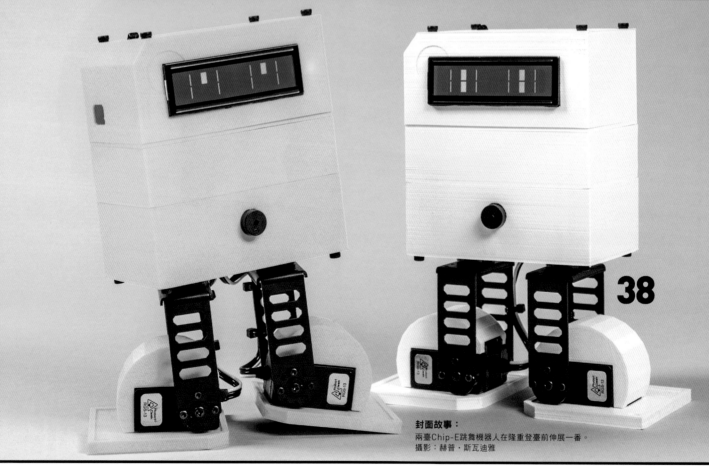

38

封面故事：
兩臺Chip-E跳舞機器人在隆重登臺前伸展一番。
攝影：赫普・斯瓦迪雅

74

58

78

46

08

注意：科技、法律以及製造業者常於商品以及內容物刻意予以不同程度之限制，因此可能會發生依照本書內容操作，卻無法順利完成作品的情況發生，甚至有時會對機器造成損害，或是導致其他不良結果產生，更或是使用權合約與現行法律有所抵觸。

讀者自身安全將視為讀者自身之責任。相關責任包括：使用適當的器材與防護器具，以及需衡量自身技術與經驗是否足以承擔整套操作過程。一旦不當操作各單元所使用的電動工具及電力，或是未使用防護器具時，非常有可能發生意外之危險事情。

此外，本書內容不適合兒童操作。而為了方便讀者理解操作步驟，本書解說所使用之照片與插圖，部分省略了安全防護以及防護器具的畫面。

有關本書內容於應用之際所產生的任何問題，皆視為讀者自身的責任。請恕泰電電業股份有限公司不負因本書內容所導致的任何損失與損害。讀者自身也應負責確認在操作本書內容之際，是否侵害著作權與侵犯法律。

Rosa de Jong, Hep Svadja

國家圖書館出版品預行編目資料

Make：國際中文版／ MAKER MEDIA 作；Madison 等譯
-- 初版 . -- 臺北市：泰電電業，2017.07　冊；公分
ISBN：978-986-405-044-4　（第 30 冊：平裝）
1. 生活科技
400　　　　　　　　　　　　　　　　　　106003223

EXECUTIVE
CHAIRMAN & CEO
Dale Dougherty
dale@makermedia.com

*

CFO & PUBLISHER
Todd Sotkiewicz
todd@makermedia.com

VICE PRESIDENT
Sherry Huss
sherry@makermedia.com

EDITORIAL

EXECUTIVE EDITOR
Mike Senese
mike@makermedia.com

PROJECTS EDITOR
Keith Hammond
khammond@makermedia.com

SENIOR EDITOR
Caleb Kraft
caleb@makermedia.com

MANAGING EDITOR, DIGITAL
Sophia Smith

PRODUCTION MANAGER
Craig Couden

COPY EDITOR
Laurie Barton

EDITORIAL INTERN
Lisa Martin

CONTRIBUTING EDITORS
William Gurstelle
Charles Platt
Matt Stultz

**DESIGN,
PHOTOGRAPHY
& VIDEO**

ART DIRECTOR
Juliann Brown

PHOTO EDITOR
Hep Svadja

SENIOR VIDEO PRODUCER
Tyler Winegarner

LAB INTERN
Sydney Palmer

MAKEZINE.COM

WEB/PRODUCT
DEVELOPMENT
David Beauchamp
Rich Haynie
Bill Olson
Kate Rowe
Sarah Struck
Clair Whitmer
Alicia Williams

**Vol.31
2017/9
預定發行**

www.makezine.com.tw 更新中！

國際中文版譯者

Madison：2010年開始兼職筆譯生涯，專長領域是自然、科普與行銷。

呂紹柔：國立臺灣師範大學英語所，自由譯者，愛貓，愛游泳，愛臺灣師大棒球隊，愛四處走跳玩耍曬太陽。

花神：從事科技與科普教育翻譯，喜歡咖啡和甜食，現為《MAKE》網站與雜誌譯者。

孟令函：畢業於師大英語系，現就讀於師大翻譯所碩士班。喜歡音樂、電影、閱讀、閒晃，也喜歡跟三隻貓室友説話。

屠建明：目前為全職譯者。身為愛丁堡大學的文學畢業生，深陷小説、戲劇的世界，但也曾主修電機，對任何科技新知都有濃烈的興趣。

葉家豪：國立清華大學計量財務金融學系畢。在瞬息萬變的金融業界翻滾的同時，更享受語言、音樂產業的人文薰陶。

潘榮美：國立政治大學英國語文學系畢業，曾任網路雜誌記者、展場口譯、演員等，並涉足劇場、音樂、廣播與文學界。現為英語教師及譯者。

謝明珊：臺灣大學政治系國際關係組碩士。專職翻譯雜誌、電影、電視，並樂在其中，深信人就是要做自己喜歡的事。

Make：國際中文版30

（Make：Volume 55）

編者：MAKER MEDIA
總編輯：顏妤安
主編：井楷涵
編輯：鄭宇晴
特約編輯：周均健
版面構成：陳佩娟
部門經理：李幸秋
行銷主任：江玉麟
行銷企劃：李思萱、鄧語薇、宋怡箴
業務副理：郭雅慧
出版：泰電電業股份有限公司
地址：臺北市中正區博愛路76號8樓
電話：（02）2381-1180
傳真：（02）2314-3621
劃撥帳號：1942-3543 泰電電業股份有限公司
網站：http://www.makezine.com.tw
總經銷：時報文化出版企業股份有限公司
電話：（02）2306-6842
地址：桃園縣龜山鄉萬壽路2段351號
印刷：時報文化出版企業股份有限公司
ISBN：978-986-405-044-4
2017年7月初版　定價260元

版權所有・翻印必究（Printed in Taiwan）
◎本書如有缺頁、破損、裝訂錯誤，請寄回本公司更換

下列網址提供本書之注釋、勘誤表與訂正等資訊。 makezine.com.tw/magazine-collate.html

為什麼MakerBot 沒有出現在《MAKE》的3D印表機評測裡？

譯：花神

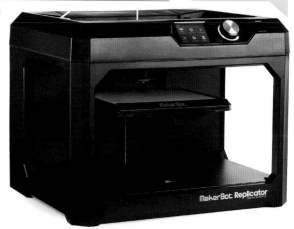

怪了，怎麼會沒有放呢？

最近幾年，《MAKE》雜誌都會整理市面上的所有商品，做一個詳盡的3D印表機比較分析——其中有些產品我也很熟悉，有些產品我則完全沒聽過——無論如何，我一直覺得很奇怪：為什麼《MAKE》雜誌沒有提到MakerBot印表機呢？

我之所以好奇，是因為MakerBot是一臺知名的印表機——在學校和Maker空間等都可以看到——也是少數我在外面看過的印表機之一，會讓我想要拿來試做一些專題。

對我來說，這一臺是很好的比較基準，我猜也有些人是這麼想的。最近我想自己買一臺印表機來用，因此很想要知道MakerBot跟其他印表機比較起來有什麼不同。

——德瑞克·葛拉漢，電子郵件

數位製造編輯麥特·史特爾茲回應：

哈囉，德瑞克，謝謝你的來信。我是《MAKE》數位製造特輯的負責人。在我們開始進行2016年指南評測的時候，市面上出現了為數眾多的新3D印表機；因為數量繁多，所以我們那時選擇納入全新或當時大幅升級的印表機。在這個標準之下，MakerBot（還有像是Type A或Tinkerine Ditto這些很棒的機器）沒有被納入，這是因為當時MakerBot的產品跟前一年相比沒有重大革新。

我們年度專題的前三期有納入MakerBot產品，Gen 5 Replicator就有列入2015指南當中。事實上，MakerBot在2015年之前都沒有寄給我們樣品，那一次我們還自己買了一臺。

Gen 5 Replicator功能很棒，不過問題是，這個型號不在我們的3日測試範圍中（雖然這一臺在Maker界頗有名氣），Replicator開箱的時候功能出色；不過，因為智慧型擠出機的問題，輸出品質下降得很快。關於這個部分，在這篇文章（ makezine.com/go/makerbot-extruder-lawsuit ）中有更多說明。後來，MakerBot有將他們最新的Replicator送來給我們測試。不幸的是：今年他們送得太遲了，來不及印到雜誌中；不過一旦完整測試流程結束，我們就會把結果放在網路版指南裡！◆

Christopher Garrison

《MAKE》勘誤啟事

在〈Crystal Clear Ice Balls〉（《MAKE》英文版Vol. 53）一文當中，我們遺漏了作者克雷格·貝隆（Craig Belon），他開發並命名了「方向性凍結」（directional freezing）技術，歡迎到makezine.com/go/directional-freezing學習更多背後的知識！

養隻機器人
Raising Robots

文：麥可・西尼斯（《MAKE》雜誌主編） 譯：Madison

去年在準備堪薩斯 Maker Faire 上用的簡報時，我重溫了一遍《MAKE》雜誌的文庫複習我們最早提到的幾個 Maker 相關名詞和概念。我們記錄 Maker 界的發展已有 10 年時間，這樣的追尋逐漸變成一趟充滿驚喜和歡樂的旅程。我觀察到幾個現象：《MAKE》第一次介紹 Arduino 這個 Maker 界最有影響力的開發工具之一是在英文版 Vol.5；第一次提到 3D 列印的概念是在英文版 Vol.10 的 RepRap 運動文章中——當時文中甚至沒有寫到「3D 列印」這個詞（這個詞一年後才在英文版 Vol.1 出現）。無人機第一次出現也是在英文版 Vol.5；Maker Faire 出現在英文版 Vol.2（當時還拼成「Fair」）。

「機器人」（Robot）則完全不同。從文庫中我發現這個詞從英文版 Vol.1 就出現，之後每一期都有提到。聽起來很有趣，但對我們來講說再合理不過了。機器人是一個意義廣泛的詞，可以應用在我們探討的所有科技領域。它甚至超越了我們對此詞彙的典型結合應用，如同英文版 Vol.52（國際中文版 Vol.27）中札克・蘇帕拉（Zach Supalla）所説：「我們不會説『麵包加熱機器人』（robotic bread warmer），而會説『烤麵包機』（toaster）」。

我們天生對機器人有好感。這種好感來自我們 DNA 中的繁衍本能，就像動物園中的母老虎會養育穿著幼虎服裝的小豬一樣，我們的大腦會被看似能夠自主行為和思考、有創造和成長能力的物體所刺激。不管是最簡單的循跡機器人、波士頓動力公司（Boston Dynamics）那種會奔跑的機器人、我客廳中使用了 Alexa 語音辨識技術的的 Echo 機器人，還是去年 1 月在克里斯・安德森（Chris Anderson）和卡爾・貝斯（Carl Bass）的自動車賽道上奔馳的神經網路 1/10 等比例縮小賽車，看起來知道自己在做什麼、近乎生物的東西讓人覺得神奇甚至可愛。

我在《MAKE》文庫中找到的所有詞彙都能成為機器人生態系統的一部分——硬體大腦、經過製造的身體、感測器輸入和動作輸出的控制程式。本期的機器人特輯涵蓋這些元素，某種程度上來説，其實每一期都有。隨著工具的演進，《MAKE》讀者社群的專題展現出的創造力，不斷跌破我們的眼鏡。我們很高興能參

MADE ON EARTH

綜合報導全球各地精采的DIY作品

跟我們分享你知道的精采的作品
editor@makezine.com.tw

譯：潘榮美

神奇微觀世界

BYROSA.NL

微縮模型建築總是蓋在小小的岩礁上。將樹枝擺在碎布做的帳篷旁,就成為高聳的樹木;細線則成為迷你的輸電線。

在羅莎・德・榮（Rosa de Jong）的袖珍建築作品系列《Micro Matter》中,每一棟建築都縮小懸空於試管中——頂多幾公分長,卻帶來巨大的視覺效果,彷彿會讓人迷失在繁複精美的細節中。

阿姆斯特丹出身的德・榮是一位接案設計師、藝術顧問及動畫師。她的作品材料蒐集自大自然的廢棄物,如石頭、植物、人工草皮與青苔等人造模型。她對於製作過程保密到家,不過倒是會在Instagram上秀出工作室的照片,讓人一瞥其中一些物件和半成品。

德・榮本人在個人網站上提到:「對我而言,最重要的是我的作品能讓每個人開心。我想做的是大家想看的東西,而不是他們被迫要看的東西。」

——麗莎・馬汀

你可以到makezine.com/go/test-tube-cities瀏覽更多羅莎・德・榮的作品。

Rosa de Jong

智慧通靈板 FACEBOOK.COM/MAKEROLOGIST

來自西雅圖的團體Makerologist在他們的專題經歷中又添一筆新成就——「通靈」。這個由克蕾莉莎・聖地牙哥（Clarissa San Diego）帶領的Maker六人組，成功挑戰艱鉅的任務，完整複製了影集《怪奇物語》（Stranger Things）（中文譯註：2016美國科幻影集）中主角之一喬伊斯・拜爾斯（Joyce Byers）的客廳牆壁，面積達64平方公尺。要忠實重現劇中代表性的「聖誕燈通靈板」（holiday lights Ouija board），對電子技術團隊成員麥卡・桑默斯（Micah Summers）、克魯納・德賽（Krunal Desai）以及卡

塔莉娜・沃爾考特（Katarina Wolcott）來説可不簡單。他們不滿足於容易取得的LED，而是自行將經典的C9白熾燈泡接上穩定提供交流電源的26 DPDT繼電器開關，兩個MCP23017 I2C擴充器則讓這些線路匯流，使其只須一片Arduino和金氧半場效電晶體（MOSFET）即可操作。他們還不只堅持燈泡的細節；藉由蓋比瑞爾・貝洛迪亞茲（Gabriel Bello-Diaz）在織品方面的協助，以及八〇年代的電子合成流行樂，製作團隊得以完美駕馭布料壁板和灰濛濛壁紙的組合，實現美學上的真實性。

為了製作這面互動式的牆壁，團隊成員

之一丹・哈爾朋（Dan Halpern）善加利用了Arduino 101控制板的低功耗藍牙技術，讓使用者用手機應用程式就能向牆壁發送訊息。「我們知道，有時候架設地點的Wi-Fi不是很可靠，」聖地牙哥解釋道，「因此我們開發了一個介面簡單的手機應用程式，就是一個打字區域加幾個按鈕，只要有iPad就能使用。這個專題在2016年波特蘭Mini Maker Faire首次公開，不久後在西雅圖的EMP博物館展出。到目前為止，還沒什麼遊客被影集中的怪物（Demogorgon）開膛剖肚。

——唐納・貝爾

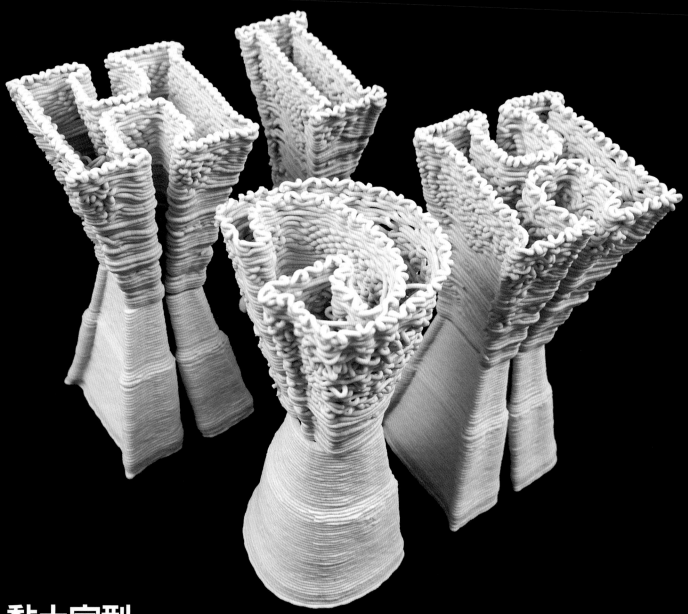

黏土字型 PORTFOLIO.TAEKYEOM.COM

　　李澤研（Taekyeom Lee）（譯註：此為中文音譯）的客製化3D印表機正吐出一捲無比光滑的黏土，一個準備入窯燒烤的物體正在列印平臺上成形。層疊的紋路漸漸被刻劃在列印件上。也許過程中一個不小心就會被機器擠壓出印痕，這點不完美卻為他的作品增添風味。

　　當大家都在製作能印出黏土的3D印表機，李的印表機和應運而生的創作卻獨樹一格。這臺機器是以delta RepRap 3D印表機為基礎，這可是好幾個月死命重複作業的成果，包括製作機器與細微調整黏土擠出的方式。起初，他利用一個氣壓泵浦將黏土推出來，但如此成品大小就會受到限制。研究過黏著劑工廠的製造過程後，他改用一個3D印表機螺旋閥搭配步進馬達來輸出黏土。

　　驅使李開始這整個專題的動力，不只是對3D列印或陶瓷工藝的探索，還包括對印刷術的興趣。身為平面設計師，他希望將字體從二次元、高對比的「玻璃屋」中抽取出來，變成物質、紋路，甚至是互動式的元素。這些字體從小寫化成大寫，一層一層地從黏土中拼出短單字。李並不將自己定義為工程學或陶瓷工藝背景出身，他自己提及：「我只是從一個莫大的野心出發，願意挑戰路上的種種困境。」這次專題最花時間的部分，就是測試各種組裝印表機的方式，以及不斷從錯誤中學習的過程。最後他的成就不同凡響。

　　——麗莎・馬汀

想看看李的印表機怎麼運作，或是更多他的製作過程，請上makezine.com/go/3d-printing-ceramics。

超神速鬼主意 INSTAGRAM.COM/SCOTT_BLAKE

　　自從史考特·布雷克（Scott Blake）的鎖骨骨折之後，醫生告訴他有好一陣子不能騎腳踏車了。可是他不甘心乖乖休養，反而開始製作酷炫的腳踏車專題。看了YouTube頻道主金·亨利克森（Kim Henriksen）的影片後，布雷克有了靈感。於是他花了一個月組合一臺兒童用Jamis腳踏車和數把DeWalt的手持電鑽，變成一臺用一顆電池就能以時速20英里持續跑5英里的交通工具。「我第一次把油門直接催下去的時候，差點就被直接甩飛。」布雷克說。

　　因為他將兩把電鑽前後相接，所以需要安裝棘齒做為適配器，「這樣一來，如果其中一個電鑽轉速較快，就會製造空轉。有時候其中一個可能直接停擺或卡住，所以只有一個電鑽也能運轉的設計會比較好。」布雷克也必須拆開油門電纜，並加上一支螺桿讓電鑽固定在原地。

　　布雷克持續不斷改良，例如以柯林·佛爾茲（Collin Furze）的迷你摩托馬（Motorhorse）和Shriners的迷你小汽車為藍本，希望能在遊行上騎著小馬趴趴走。「如果有小馬出現，人們一定會很開心，」布雷克說，「我自己也會很開心。」他將LED裝進馬的身體裡，還為了隱藏他的安全帽，正在製作一頂超大的牛仔帽。當別人問起他還在盤算哪些交通工具改造計劃，布雷克列出了一串神祕清單：「光、更多流蘇、不要獨角獸、皮褲、萬聖節、泡泡機、電池，總之會愈來愈蠢。」

　　——安德魯·薩魯曼

戴蒙 · 麥可米蘭
Damon McMillan
一位機械工程師、業餘愛好者、人夫和四個孩子的
爸。現居美國加州的桑尼維爾。

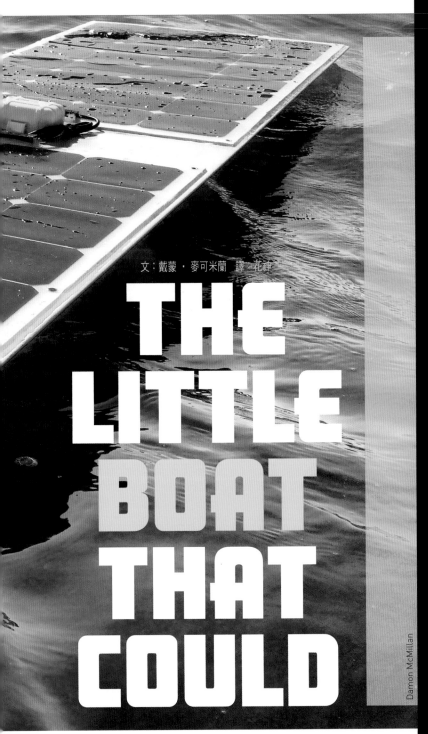

文：戴蒙·麥可米蘭 譯：花神

Damon McMillan

THE LITTLE BOAT THAT COULD

小艘船，大驚奇！
自駕太陽能小船的跨洋傳奇之旅

我肩上扛著60磅重的太陽能船SeaCharger，舉步維艱地走下階梯，前往加州的半月灣。許多路人盯著我看，彷彿在問：「天啊！那是什麼玩意兒？」。我做了螺旋槳和方向舵的最後檢查，然後走進海裡，到水差不多淹過膝蓋的地方；接著使盡全力，將 SeaCharger 推向下一個浪頭。雖然前進的速度跟走路差不多，但是經過幾波浪頭都沒有翻船，到這裡我就放心了。我走回沙灘上，回頭看向我兩年半以來的心血緩緩向西，慢慢消逝在浪花中。有一位一直在旁觀看的路人走過來，跟我說他很遺憾我的小船失去控制，他相信那艘小船一定會在某處被捲上岸的。我和這位好心的路人說，這艘船可以自動導航，完全沒有失去控制，「那麼，這艘船的目的地是哪裡呢？」路人問。「夏威夷。」我回答。現在想到他的表情還是令人回味。

的確，讓這艘自製的小船在茫茫大海中航行2,400英里簡直是天方夜譚，關於這一點，我比任何人都清楚。在朋友的幫助之下，我在車庫中打造了一艘8英尺長、以泡棉與玻璃纖維製成的SeaCharger──並不是為了賺錢或參加比賽，而是把這件事情當做一個挑戰。結果，這還真是一個大挑戰。原本為期一年的專題計劃進行了兩年半，過程中經歷了種種錯誤和妥協，重新來過無數次。所以在小船出航後的幾個小時內我都很擔心，一直緊盯手機等待SeaCharger上的衛星數據機回傳報告，直到確認小船沒有迷航，我才開著我的小卡車回家。

揚帆啟航

在接下來的一兩天內，SeaCharger看起來都運作良好。加州海岸附近風有點大，從SeaCharger內建的感測器可以看到船身傾斜幅度很大；不過船依舊一路向西，雖然緩慢，但是方向堅定，每兩小時透過衛星回傳訊息。SeaCharger 使用太陽能，夜間也能透過儲存在大型磷酸鋰鐵電池組裡的能量繼續前進。

但是，才過了兩天，SeaCharger就突然失去聯繫，停止回傳報告。這種事情其實並非史無前例──有時候衛星訊號就是不夠強──不過也算是很罕見的狀況。所以，我焦慮地又等待了兩個小時，依舊杳無音訊。船沉了，肯定是這麼回事。SeaCharger從來沒有連續兩次未更新報告的紀錄。我跟朋友說我的船不是沉了，就是被鯊魚吃了。朋友說不用擔心。我覺得他的安慰很沒道理，但是很受用。果然，又過了兩小時，SeaCharger奇蹟似地恢復聯繫，我簡直是鬆了一大口氣。

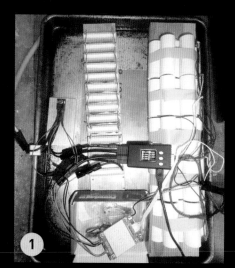

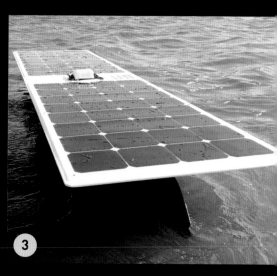

1. 測試電源系統，確保在海洋中航行時供電不中斷。 2. 經過 41 天的航行，SeaCharger 在夏威夷馬胡可納港稍事休息。 3. 塑膠製的太陽能板相對有些脆弱，但是這可以對抗海水的侵蝕！

整艘船是業餘等級／自製零件和專家級配備的混搭。

器停擺了，需要重新啟動；強大的水流讓小船幾乎動彈不得；一個陰天就讓小船幾乎耗盡能量。每一次，我得到的訊息都是「船停下來了」。SeaCharger 沒有裝設天氣感測器，也沒有問題診斷偵測器。額外加裝感測器的成本很高，而且有風險。裝備愈多，可能壞掉的東西就愈多。

因為沒有天氣和其他訊息，我的想像力便奔騰起來。我常想像著 SeaCharger 的四個防水電氣接頭裂了縫。那些接頭是我用銅管配件製作，用 Sherline 桌上型銑床銑上 O 型環槽，再用 3M 環氧樹脂加上電氣接點。整艘船是著業餘等級／自製零件和專家級配備的混搭。如果單純用自製零件，船的耐久性可能堪慮；不過，如果全都買專家級零件，那麼我的婚姻將堪慮。每次 SeaCharger 出問題，我就在想是不是應該多花點錢。

最大的問題其實是太陽能板能否撐過整段航程。SeaCharger 上頭裝的不是一般房子上面會看到的那一種，因為那種太陽能板不能浸到海水中。取而代之，它們是

以塑膠夾板製成，沒有一般太陽能板上常見的鋁製或玻璃零件。這種太陽能板如果裝到房子上，可能會太脆弱，無法抵抗樹枝墜落時的撞擊；不過海上沒有樹枝，所以沒有關係。此外，電線露出的地方還多上了一層防水漆。板子不是用接頭連接，而是直接接線到船上。我特地多加了一塊太陽能板，不過這是唯一功能重疊的零件，其他零件都沒有備品，以控制整體成本。

雖然要控制成本，但我還是儘量使用現成零件。SeaCharger 的大腦是以 Arduino Mega、Adafruit 的一款 GPS、Rock Seven 的衛星數據機、Devantech 的指南針和 AA Portable Power Corp 的電池保護／充電線路組成，再加上一般無刷馬達驅動螺旋槳和 R/C 伺服機方向舵。我並不擔心電子零件的耐久問題，倒是有點擔心馬達和伺服機。水倒不是問題：馬達透過電磁聯結器將扭力傳導至螺旋槳，所以不會碰到水；伺服機有自己的外殼，軸的附近有橡膠密封，水也進不去。不過，問題是從加州到夏威夷需要很長的時間，馬達幾乎要連續運轉一個月，伺服機則大概要連續運轉 2 到 3 百萬個循環。

一帆風順

雖然我非常擔心，不過在海上航行 3 週

後，SeaCharger 不僅活著，而且速度還挺快。兩年半以來，我總是被孩子們包圍著：「爸爸，船什麼時候會做好？」我總是幻想著自己在夏威夷海邊，看著 SeaCharger 出現在遠方，待它慢慢靠岸後，將它從水裡拉出來的勝利情景。現在看來，這說不定會成真呢！

三個禮拜過後，我站在夏威夷大島的馬胡可納港（Mahukona Harbor），除了太太、爸媽和兄弟之外，現場還有一位地方報紙的記者。我第一眼看到 SeaCharger 時，船身上的太陽能板正反射著陽光。那一刻，與其說是勝利的滋味，不如說有一點不真實。這就是我 41 天前從加州放手、航行了 2,413 英里的那艘小船嗎？從 SeaCharger 船身上些許褪色的外漆和懸在船身上的藤壺，我看得出 SeaCharger 經歷了很多——而且通過百般試煉——才來到這裡。

安全上岸之後，SeaCharger 看起來好得沒話說。我被問過許多次在 SeaCharger 抵達夏威夷後會怎麼做，說實在的，我從來沒有認真想過這問題。現在似乎是該決定的時候了。我們可以將 SeaCharger 打包進大木板箱中，然後寄回家去；不過那樣很貴，而且完全不像一場冒險。這個專題的目標不就是要讓太陽能小船橫渡海洋

Damon McMillan and Jillaire McMillan

4. 我的好友 JT‧贊普協助我進行試航。 5. 如我所料，船身上累積的大量藤壺拖慢了航行速度。 6. 在 2016 年 7 月 26 日這個好日子，我從夏威夷的白沙灘走向水邊，讓船重新出航。

嗎？從加州到夏威夷已經是一場史詩級的華麗冒險了，不過好像還沒有真正跨越海洋呢。因此我將 SeaCharger 的程式重新設定，準備讓它跨越太平洋，航向距離夏威夷大島 4,400 英里的紐西蘭，這看起來簡直就是不可能的任務！

在加州首航時，天氣很冷、風很大，讓人有些不安。在夏威夷，只有稍涼的風吹過幾乎完美無瑕的雪白沙灘。我走進水中，到水深及腰的位置，將 SeaCharger 放入溫暖的海水當中。它優雅地航向海中，一切似乎不需要太過緊張。我認為 SeaCharger 已經證明了自己的能力。

超越期待

我在寫這篇文章的時候，SeaCharger 已經離開夏威夷 90 天了。它穿過赤道與國際換日線，航行了地球的四分之一圓周。在這趟旅程當中，有一兩次因為天氣很差，我又設想不周，SeaCharger 幾乎要撞上海中的小島。每當 SeaCharger 靠近某座島的時候，我就會去研究該島的歷史與地理。比方說，我發現毛利人將紐西蘭稱為「Aotearoa」，也就是「綿綿白雲之鄉」，我在把太陽能小船送過去之前就該先知道這回事的。

毛利人知道他們在說什麼：紐西蘭附近真的有很多雲！ SeaCharger 靠近的時候，風和海流會一起來搗亂，在 SeaCharger 南航時將它推向北方。在海上航行三個月之後，我發現 SeaCharger 的航速降低了許多，可能是船身上披掛了太多藤壺。因此，我甚至放棄了紐西蘭，對衛星數據機發出指令，讓 SeaCharger 直接轉西，航向新喀里多尼亞或諾福克島。不過，在紐西蘭準備接待 SeaCharger 的朋友非常熱情，他向我保證情況一定會改變。果不其然，風速後來就降下來了，船得以繼續南下。

現在，小船距離紐西蘭也只剩 500 英里遠了。我不敢保證 SeaCharger 一定可以安然上岸；但無論如何，我已經對它的成就感到十分驕傲，也有點不敢相信它竟然可以撐那麼久！

也許，這個專題帶來最大的驚喜是發現世界上有這麼多人對此深感興趣，並且熱心相助。我遇見一位負責帶領學校自駕船社團的紐西蘭高中自然老師，還有一位初出茅廬的工程師，在 Maker Faire 上詢問我許多自駕船的技術細節，我可以預見他們對這艘破紀錄的船興味盎然。不過，更讓我驚喜且充滿成就感的是：我那喜歡福斯老車的大舅子，以及我太太那群喜愛園藝、烘焙、在家教小孩的婆婆媽媽們，竟

也都每天在線上持續鎖定 SeaCharger 的動態。我發現這趟偉大的旅程比我想像中的更吸引人，想起來真是太棒了！ ◢

尾聲：漂流
在海上航行了 155 天，到了 11 月 18 日，方向舵失去回應。SeaCharger 真的向我們告別了。不過，它在波瀾壯闊的海上昂首航行長達 6,480 海里！

在此，我要特別感謝 JT‧贊普（JT Zemp）、特洛伊‧阿爾伯克（Troy Arbuckle）和麥特‧史托威爾（Matt Stowell）。特洛伊和麥特幫忙製作方向舵制動器，並且在許多電子並且在許多電子零件上幫了忙，JT 則自始至終都在旁邊支持我，從系統結構、生產到測試都少不了它！

Planting the Seeed 種下種子

聽電子零件製造商潘昊談工廠的未來 文：DC・丹尼森 譯：花神

矽遞科技贊助的柴火創客空間。他們與臺灣機器人格鬥聯盟合作，在 Maker Faire Shenzhen 2016 中吸引了來自亞洲各地的 16 支隊伍同臺競技。

矽遞科技生產的 ReSpeaker，是聲控的延伸應用。

Seed

Eric Pan

DC・丹尼森 DC DENISON

專業 Maker 電子報《Maker Pro Newsletter》的編輯，該報報導 Maker 與商業間的交集。他同時也是《波士頓環球報》的前科技線編輯。

完整訪談，與更多專業Maker的新聞和訪談，請上 makezine.com/go/maker-pro。

潘昊（Eric Pan）在2008年創立了矽遞科技（Seeed Studio，以下簡稱「Seeed」），在他位於深圳的公寓中販售電子零件。他也在深圳成立了駭客空間、共同創辦硬體加速器 HAXLR8R，還率先將 Mini Maker Faire 引進中國。時至今日，Seeed 擁有超過200位員工，年盈餘超過三千萬美元。Seeed 不只提供零件，也生產潘昊所謂的「0.9套件」，力求帶給顧客「近乎1.0」；但在每個環節都保留改變的可能性：從韌體、線路到外殼皆然。

Q. 我們是否將步入「獨立產品」（indie product）的時代？就像「獨立製片」一樣？

A. 我的確這麼認為，這可以分成兩個面向來談。拜 Maker 運動之賜，人們了解更多可能性，並得以使用更多工具來打造「獨立產品」。另外，產品需求也比以前更加多元，消費者不只想要大量生產的東西，客製化產品可以更精準地滿足顧客需求。

Q. 你最常看到 Maker 創業家新手犯的錯誤是什麼？

A. 許多 Maker 什麼都想要自己來，但目前市面上的公司已經擁有許多技術。假設你想製作新型鍵盤的話，就是在跟所有的鍵盤製造商競爭。這難度很高，不過你可以選擇跟他們合作。例如，可以跟鍵盤製造商合作，設計不同的功能或新產品；如果你們都在運用開源技術，那就更棒了！我們的目標從來不是一夕之間發生革命，而是透過合作穩定讓產品進步。

Q. 那麼，剛開始跟製造商合作的人最常犯什麼錯誤呢？

A. 到了生產的階段，許多意想不到的問題都會冒出頭來，比方說供應鏈就是個好例子。有許多人不知道生產流程的相關知識。我認為應該開源的不只是設計和線路，像是測試、品管等其他生產流程的知識也應該一併公開。如果這些資訊不再難以企及，那麼事情會變得容易許多。

Q. 美國製造 vs. 中國製造，有什麼事情改變了嗎？

A. 目前沒有什麼不同，不過事情很快就會改變了。更多協同製造正在遍地開花，使製造變得更分散、更像是提供一種服務。在未來，會有更多生產製造的過程就在消費者和顧客身旁發生。未來不是大型工廠稱霸的時代，而是小型、敏捷的工廠會得勝。

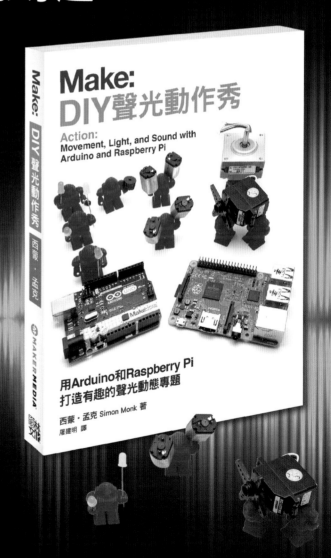

BOT

機器人工廠

Factory

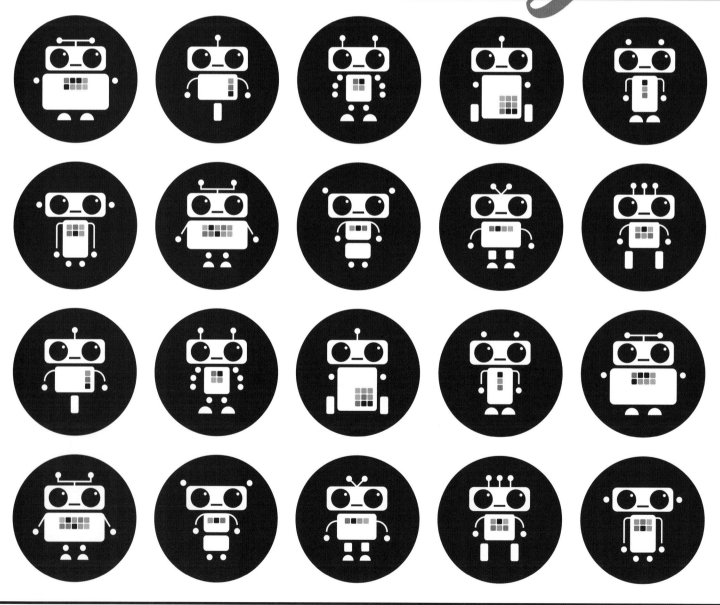

開始打造專屬自己的機器人
將會為你帶來無與倫比的美好時光

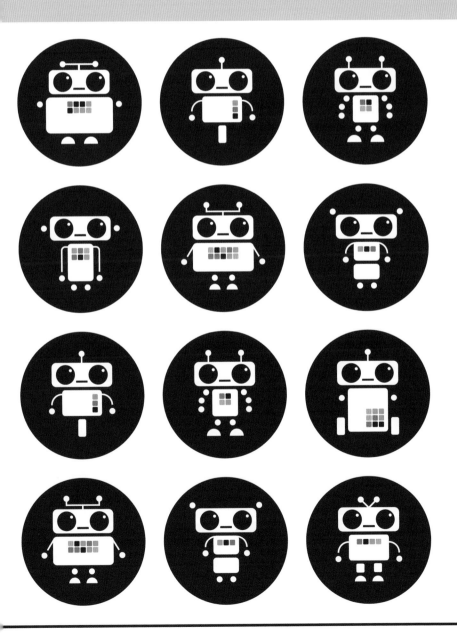

我們都想打造一臺專屬自己的機器人
——但這是項十分艱鉅的任務，需要許多軟硬體技術與機械知識。

好消息是，擁有這些技能的人發現：製作機器人的門檻遠比過去來得更低。驅動這些創作的馬達、感測器及硬體控制器變得更便宜、更容易取得，更能提供無與倫比的動力。用來為你的機器編寫程式的軟體現在也更加簡單，只要在圖形化介面中拖拉程式方塊即可——就連進階與客製化選項，也能透過像是機器人操作系統（ROS）中的模組輕易創造、修改，並且分享出去。

過去十年來，藉由巧妙採用Arduino與Raspberry Pi，接觸硬體的途徑也大幅增加。除了擁有大量社群、堅實而簡單的原型平臺外，這樣的趨勢也將種類繁多的微控制器與單板電腦（SBC）——用來控制元件以驅動機器人專題的大腦，廣泛推向更為大眾所熟悉的方向。書中的Chip-E專題即使用了名為Geekduino的Arduino相容板；而平衡機器人EddiePlus則是由一片微小而強大的Intel Edison SBC所控制。

兩個專題都使用了3D列印的框架，這也是另一項協助人們進一步打造客製化機器人的關鍵發展。不過樂高仍是能最快打造出原型的材料之一，已鞏固了做為進階電子製作關鍵學習平臺的地位。你可透過本書中的TrotBot與色彩感測音序器來了解如何開始使用此平臺。

而如果你只是在尋找一個包含你所需一切的特定類型機器人套件，那麼，現在你幾乎有無限的選擇。我們透過產品概述來劃分出哪些套件產品適合Maker——你只需要透過本特輯來確定最符合你需求的產品，然後開始動手製作。🔲

文：安德魯・特拉諾瓦　譯：Madison

打造一臺機器人

Build -a- Bot

想找個機器人套件？
讓我們為你指路

Makeblock Ultimate 2.0
10合1機器人套件，500美元

安德魯 特拉諾瓦 Andrew Terranova
一位工程師、Maker兼作家，喜愛組合跟
拆解東西。他只要一有機會就會製作機器
人、電子專題及其他有趣的玩意兒。

市面上琳瑯滿目的機器人套件，該怎麼選擇呢？沒有哪一款是最好的，端看哪一款符合你的需求；只不過選擇太多，難免讓人眼花撩亂。

為什麼從套件開始呢？因為套件有幾點優勢：一般來說，購買套件會比分開購買零件便宜。銷售套件的公司大量採購這些零件，將省下來的成本回饋給你。由於只需向一間廠商購買單件商品，你也能省下運費。你很難從單一供應商買到所有想要的材料，結果就是必須花一大筆運費。此外，購買套件可以讓你所有零件一次到位，不需為了一顆從中國緩慢飄洋過海而來的零件耽擱了你的製作時間。

另一個好處就是套件的設計完整，確保你的機器人組得起來。一個好的套件會有清楚的說明書和技術支援。

在此我們評測多種熱門套件，分享各組套件值得注意的地方以及建議範例。

入門套件

選購重點：清楚的說明書、良好的技術支援、價格便宜、可擴充

如果你是機器人新手，入門套件可能是最好的選擇。你需要清楚的說明書和供應商的技術支援。新手容易遭遇挫折，好的套件帶你快速成功、點燃你學習的慾望，讓機器人成為你深入鑽研的新興趣。你可購買知名公司的套件，並從官方網站上下載以你的語言撰寫的使用手冊；如果需要，也能打給製造商尋求技術支援。有些公司建立了很棒的社群，讓使用者能彼此協助。如果你喜歡的套件有支援論壇，求助就相當容易了！

價格也是必須考慮的因素。第一套套件建議別花太多錢。你一定會愈學愈多、套件愈買愈複雜，所以別買第一套就傾家蕩產。

有些套件可以擴充。選購時建議考慮套件的擴充性，或至少選購元件可繼續沿用的套件。沒錯，機器人Maker常會拆解他們的機器人以打造更多機器人。這是個會讓人一頭栽進的坑。

最後還要考慮軟體開發能力。如果你有編寫程式的經驗，可以選一套以你慣用的平臺為基礎的套件。

你可以在Makeblock找到一些不錯的入門選項。我們推薦mBot，一組約100美元。Makeblock的套件材質是高品質鋁材和雷射切割壓克力零件。mCore和Me Orion控制板和Arduino IDE百分百相容，你也可以使用Makeblock的圖形化編程系統mBlock，它是以Scratch 2.0為基礎。套件的電路板使用模組化RJ25連接器（就是家用電話的連接器），適合較不熟悉接線的初學者。Makeblock也有出零件和擴充模組，可以幫套件增加更多功能。

另一個可以考慮的套件是EZ-Robot（見P.27〈百萬機器人大軍〉）的Revolution系列。我們建議初學者選擇入門價150美元的Adventure Bot。比較進階的EZ-Robot套件可參考JD Humanoid或Roli Rover，這兩款應是最熱門的套件。EZ-Robot網站上也有樂於互助分享的社群論壇。

教育用套件

選購重點：支援課程設計、耐用

如果你是教育工作者，建議選用提供機器人課程的公司出的套件，最好經得起學生重複使用，如果有圖形化開發環境更是大加分。

樂高Mindstorms EV3套件在學校很受歡迎不是沒有原因的。它們有上述所有的特性，包括專門為中學教育設計的產品、教育者專用網站和社群論壇。Education EV3核心套件售價約380美元，是個好的開始。

另一個熱門的學校用套件是Vex Robotics。Vex的RobotC程式語言提供了良好的圖形化學習環境，方便學生未來轉換到C語言。編程控制入門套件售價約440美元。

想找比較非傳統形式的套件的話，可參考Modular Robotics的Cubelets套件。一套12件的Cubelets售價330美元。這套實體運算式的機器人套件，讓你可以將不同的功能方塊組合成能動、發出聲音、發光和感測的機器人，完全不需編寫程式；也可以用圖形化Blocky程式語言擴充方塊的基本功能。Modular Robotics和較具規模的樂高

以Vex Robotics一樣有教育者支援方案，包括免費的教案。

工作坊套件

選購重點：低價、吸引人的設計、可快速完成

舉辦過機器人工作坊的人就會知道，清楚的說明、簡單的製作方式以及可以短時間內完成是機器人工作坊專題最重視的特性。專題必須好玩、吸引人。夠平價、讓顧客願意掏錢購買的套件，勝過可重複使用但往往不會再被拿出來的套件。

Elenco的循跡機器人套件就是個絕佳的例子。這個可愛的亮黃色循跡機器人套件容易組裝、不需焊接，可在一個小時內完成。Amazon網站上的售價約為24美元。

如果想找稍微進階一點的套件，可以試試DFRobot的Insectbot Hexa套件。這臺行走昆蟲機器人可藉由紅外線距離感測器自我導航。其開發板與Arduino相容，出廠時已預先載好腳本程式，但仍完全可以自行編程。以一套38美元的售價而言相當划算，量大還可打折。要準備短期的工作坊，可以將比較費時或困難的部分預先做好，保留一個小時內可完成的步驟在工作坊上進行。

人形套件

選購重點：高品質的機構件和伺服機

貴的人形機器人套件可達上千美元；在此我們只介紹平價的選項。儘量找機構件和伺服機品質好的套件。要注意的是，雖然人類走路看起來很簡單，寫程式讓機器人用兩條腿走路可不容易。

Lynxmotion發售多款二足機器人機器人套件。這間公司自家的套件當成開發平臺，也就是說他們不太會提供完整的程式碼或預先編寫好的應用程式讓你上傳——你必須自行編寫程式。Lynxmotion提供免費的伺服機定序程式，搭配他們的SSC-32伺服控制器使用。如果想製作自律二足機器人，也可以加上一個微控制器。Lynxmotion也銷售FlowBotics Studio開發平臺，一組40美元。

Juliann Brown, Hep Svadja

Makeblock - mBot

RobotShop - Tracked Tank Kit

ArcBotics - Hexy

EZ-Robot Revolution - Roli Rover

Lynxmotion的套件包含了黑色陽極氧化鋁製伺服機托架，你也可以選擇單買硬體、硬體加伺服機，或硬體、伺服機加伺服控制器。

最低階的二足機器人機器人BRAT每條腿各有3個自由度（degrees of freedom，DOF），可以以多合一套件的形式購買，包含伺服機、電子元件、Lynxmotion的BotBoarduino微控制器和範例程式，一套240美元。Biped Scout二足機器人機器人每條腿有6個自由度，不含伺服機與電子元件約170元，分開購買加起來會超過500美元。前述兩個套件只有一雙腿和軀幹，但Biped Pete二足機器人機器人則有上臂、腿部、頭部和可抓握的手部，總共22個自由度。Pete光是硬體就要價370美元，若加上伺服機、電子元件和微控制器，需花費550美元以上。

Robotis推出不少非常高階的二足機器人機器人套件，但是真正達到市場甜蜜點的是他們的Darwin-Mini二足機器人機器人，零售價500美元。Robotis使用自有品牌的Dynamixel高品質網路型伺服機，比一般業餘愛好者等級的伺服機高階許多，可以搭配Robotis R+ Task、R+ Motion軟體或是智慧型手機應用程式使用。

六足與四足套件

選購考量：你買得起多少自由度？

六足機器人也是非常熱門的套件之一。選購重點是每隻腳的自由度和零件品質。預先編寫好步態與動作的範例軟體也是加分項目。

一臺每條腿有3個自由度的六足機器人，就要18顆伺服機。伺服機本身和連接伺服機的機構件必須品質良好，才能承受機器人的重量造成的壓力。入門款中，售價250美元的ArcBotics Hexy相當適合初學者。壓克力零件很輕，可以使用較小的伺服機。雖然Hexy隨附的伺服機是塑膠齒輪，ArcBotics也有出金屬齒輪的伺服機，Hexy的顧客可以折扣價購買。

較進階的套件則使用鋁製框架、鋁製伺服機、耐用的金屬或高品質樹脂齒輪，通常也比較貴。Lynxmotion的六足機器人款式豐富多樣。AH2套件共有12顆伺服機（每條腿2個自由度），售價約410美元。相較之下AH3套件則有18顆伺服機，售價約940元。

伺服機數量少會降低重量與價格，如果想要經濟型的自走機器人，則可考慮四足套件，如Lynxmotion的SQ3，售價約550美元。不過你也有比較低階的選擇。較晚進入機器人市場的Spierce Technologies mePed v2.0完整套件只要90美元不到。前一代1.0版本比較陽春，2.0則具備所有必須的工具和材料，設計上也進步不少。

輪型套件

選購考量：你想要二輪傳動、四輪傳動，或是更多？差速轉向或是其他特殊技術？

像車子一樣以前輪移動的輪型機器人比較少見，因為這樣的設計較不容易導航。有的機器人輪子可以像行李箱腳輪一樣原地轉向，但很少做成套件。

也有些機器人配備六個輪子，甚至有特殊的輪子設計（萬向輪、麥克納姆輪等），可使用不同的轉向機制。

不過大部分輪型機器人套件為兩輪或四輪，搭配不同的傳動方式，兩側都有動力輪可改變速度和方向，讓機器人轉身。這也是本節的介紹重點。

二輪傳動（2WD）機器人具備良好操控性，因為它們可以兩輪中心點為軸旋轉。Pololu 3pi機器人就是個很好的例子，而且售價僅100美元。3pi可以加裝第二個甲板擴充。另一個優秀的二輪傳動套件是DFRobot MiniQ 2WD完整套件，售價80美元。MiniQ也有四輪傳動版，售價100美元。

履帶套件

選購考量：你是要買來做為專題的底盤，還是一個功能完整的機器人？

類似坦克的履帶機器人跟輪型機器人一樣以差速轉向。一般而言，套件的履帶較小，大履帶的機器人通常以底盤形式出售，可以用來當做其他機器人專題

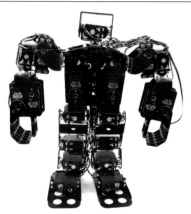

Lynxmotion - Biped Pete

Elenco - Line Tracker

EZ-Robot Revolution - JD Humanoid

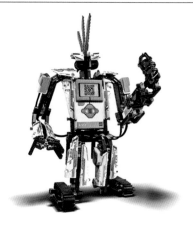

的基礎。

　RobotShop有一款很棒的機器人坦克套件，售價約90美元，內建與Arduino相容的控制板和板載鋰聚合物電池充電器。此套件可透過在原型區焊接上Arduino子板擴充，還有兩個XBee插座可用來進行無線通訊。

　許多製造商是Dagu的Rover 5履帶底盤做為基礎，包括SparkFun的60美元套件。你必須自己加上控制電路和感測器。

　想要高階的履帶機器人，可以從Lynxmotion三履帶底盤開始，售價約220美元。跟前述Rover 5一樣，你必須自行在底盤上打造機器人。

動手吧！

　機器人的世界博大精深。除了上面列的幾個種類，還有機器手臂、平衡機器人、飛行機器人、游泳機器人等，不勝枚舉。這個清單列出最常見的機器人套件，是個好的開始。選擇你有興趣的種類，相互比較範例來選出最適合你的款式吧。 ◖◗

機器人套件和零件製造商

找更多機器人套件？選項太多了。這個清單僅列舉一小部分的製造商，但足以當做任何專題的起點。

- Abilix
- Adafruit Industries
- AeroQuad
- AndyMark
- ArcBotics
- Arduino
- Artec Block
- BirdBrain Technologies
- BirdsEyeView
- Chibitronics
- Commonplace Robotics
- Cytron
- Dagu
- Dexter Industries
- Dongbu Robot
- DFRobot
- ElecFreaks
- Elenco
- EZ-Robot
- FingerTech
- Fischertechnik
- Gears EdS
- Hangfa Hydraulic Engineering
- Hexbug
- Hicat.livera
- Inspectorbots
- ITead Studio
- JCM inVentures
- Keenon Robot
- King Kong Robot
- Kondo Robot
- KumoTek
- Learning Resources
- Lego
- LinkSprite
- littleBits
- Lynxmotion
- Makeblock
- MeArm
- Microbric
- Microduino
- Mindsensors
- Modular Robotics
- Multiplo
- Nexus Robot
- OpenROV
- OWI
- Parallax
- Pittsco
- PlayMonster
- Pololu
- Quirkbot
- Revolution Education
- RoboBrothers
- RoboBuilder
- RoboCore
- Robopec
- RobotGeek
- Robotiq
- Robotis
- Robotnik
- RobotShop
- SainSmart
- Seeed Studio
- ServoCity
- SmartLab Toys
- Solarbotics
- SparkFun
- Spierce Technologies
- SunFounder
- SuperDroid Robots
- Tamiya
- Thames & Kosmos
- Tinkerbots
- Trossen Robotics
- UBTech
- Velleman
- Vex Robotics
- Wonder Workshop
- XYZ Robotics

文：艾瑞卡 蒂貝莉雅　譯：Madison

My Mini Mars Rover
我的迷你火星探測車

艾瑞卡·蒂貝莉雅
ERICA TIBERIA
是一位創意技術專家、教育工作者兼 Maker。她懷抱熱情，想用大膽的創造改變世界。

我如何用最便宜的材料打造 NASA百年挑戰參賽機器人

NASA百年挑戰賽是一系列有趣的競賽，旨在借用公民發明家的創意解決美國太空總署實際遇到的難題。2016年6月，我參加了其中的樣本回收機器人競賽。NASA要用150萬美元的經費打造一個能運用有限的地圖資訊，在火星上自動定位、採集與回收樣本的機器人，而且不能用地球上的導航工具。

身為分子生物學和生物科技領域的研究人員，我不敢說我多會做機器人。當時我隻身自組一隊參賽，與許多大學和企業競爭，有些參賽者已有多年的參賽經驗。我以簡單、小預算為原則，運用生物系統和昆蟲給我的靈感設計出參賽機器人，並為它編寫程式。主要的設計挑戰在於：機器人的電腦視覺必須能在多種光線環境下活動，而且不能用GPS或羅盤進行導航。參賽要求還包括數個月的田野測試和除錯。在加拿大的嚴冬中，我租了一個圓形足球場執行完整的田野測試。

樣本回收機器人競賽有兩個階段：第一階段必須在30分鐘內取回兩件樣本（一個圓柱體和一個紫色的石頭）。我的機器人第一個進行資格預審，也第一個上場實測。競賽過程中我的表現不是非常成功，但最後努力有了回報。一週過後我晉級了，是五年來少數晉級第二階

我的機器人
我的機器人沒有訂製鋁底盤，用的全是常見的零件；採樣、攝影機平移跟傾斜的機關是用簡單的視訊攝影機、光達和Dynamixel伺服機組成，輪子則是用高扭矩馬達組成。大腦是用內建加速度計和陀螺儀的Intel 電腦棒（Compute Stick）執行OpenCV、NumPy、Pysolar和Arduino 101。它是所有參賽作品中最輕、最小的機器人，我確信它也是成本最低的一個。

段的七支隊伍之一。

第二階段是在一個更大的場地採集11件可能樣本，只有一次嘗試機會。準備時，我採取機海戰術，多做了兩臺機器人，運輸過程中給予價值較高的樣本較高的優先順序。它們在場外測試時表現完美，但是上場時卻偏離了路線，於是我的比賽便就此結束。

儘管如此，參與NASA百年挑戰賽仍是我人生到目前為止最驕傲的時刻。我體會到，比起那些要用到昂貴設備的複雜做法，簡單的解決方案往往更直接也更便宜，而且一樣厲害。此外，田野實測是最重要的事。將你的機器人放在實際運作的環境中面對真實的挑戰，但要做好從頭來過的心理準備——因為測試通常都會出現問題。

這個經驗對我有著長遠的意義。我打算創辦一間公司，開發自主視覺機器人。希望在這個專題中發想到的技術跟策略，有一天真的能探索火星。📷

One Million Robots

百萬機器人大軍 我如何在五年內打造自己的機器人帝國

文：迪傑・舒斯　譯：編輯部

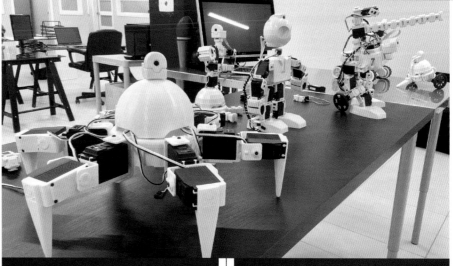

「你可以選擇花大把時間在一臺機器人身上，也可以選擇將所學分享給全世界，來打造一百萬臺。」

某一個夏天，我正苦惱如何將R2-D2風格的附件組裝在iRobot掃地機器人上時，我的爺爺這麼對我說。

那時，我不懂複雜的C語言、電子學或機械，根本無力打造科幻等級的機器人。我們只有小孩子玩的樂高等從零開始的工具。

但後來，我以我所知道的所有機器人知識，包裹成全世界第一個完整的綜合機器人建造平臺。

我打造的第一臺原型雖然無法贏得任何選美比賽，但仍算是成功了。接著，我需要打造軟體的部分。我發現如果任何人要打造機器人，必須要擁有一臺電腦或行動裝置才行——無線技術可以讓軟體得益於更快速的處理器和周邊設備。時間快轉三年，EZ-Builder已經成為一個可以客製化機器人App、並立即發布到行動裝置上的的行動設計軟體了。

當一切似乎都上了軌道後，接著我便開始打造大家都可以購買的電路板和相機模組了。我在我的地下室焊接了約100張電路板，並在一周之內全部賣出去。我的爺爺說對了——我似乎將有所成就！

我才華橫溢的好友、現任EZ-Robot首席工程師傑若米・柏利安尼（Jeremie Boulianne），十分專業地將我的電路板重製成廣受歡迎的EZ-B v3。透過控制器和軟體，我可以迅速地在舊玩具上加入視覺處理、語音辨識等

功能，讓它成為一臺自主機器人。我在《MAKE》Vol.27（國際中文版Vol.3）發表文章〈讓舊玩具變出新把戲〉時，正是EZ-Robot即將起飛的時候——我們的論壇持續增加新的討論成員和來自社群的貢獻；我們的軟體以每週二到三次的頻率穩定地更新以新增功能；我們廣布全世界的社群成員都在打造令人驚嘆的機器人。

EZ-Robot在首輪天使投資中募資了一百萬美元，接著又以一臺名叫Revolution的模組機器人眾籌募集了五十萬美元。當大型投資公司表示這項計劃不可行，或是不感興趣時，較小的公司則傾力相助。這讓EZ-Robot在製造、裝配、品管和運輸等產業都建立了良好關係，擁有紮實的後勤支援。

離開我的地下室後，我將大量工程師和3D印表機塞進一間2,000平方英尺的辦公室裡。那一年，我們日夜不停地工作，將我們的3D列印元件、應用程式介面（API）和軟體開發套件（SDK）全部開源化，還釋出了一臺教育型機器人和物聯網平臺！

EZ-Robot現在位於加拿大卡加利的訂製辦公室有6,000平方英尺，在中國深圳還有專屬的製造工廠。目前已有超過20,000臺很棒的機器人以EZ-Robot為動力。Revolution機器人則已運送至超過100個國家。目前，我們致力於將Revolution v2平臺與理念相同、相信真實世界應該更接近科幻小說的Maker、極客和書呆子建立關係。現在，我們離一百萬臺機器人的目標很近了。◼◼◼

迪傑・舒斯 **DJ Sures**
是一位來自加拿大的機器人學家，自年幼時就喜歡拆解玩具、音響及電視等。曾任職於賽門鐵克、思科及NASA。

Juliann Brown, EZ-Robot

Smooth Servo
Control with ROS

文：班・馬汀　譯：李友君

用 ROS 順暢控制伺服機

認識這個可以讓機械動作更平緩的
機器人作業系統

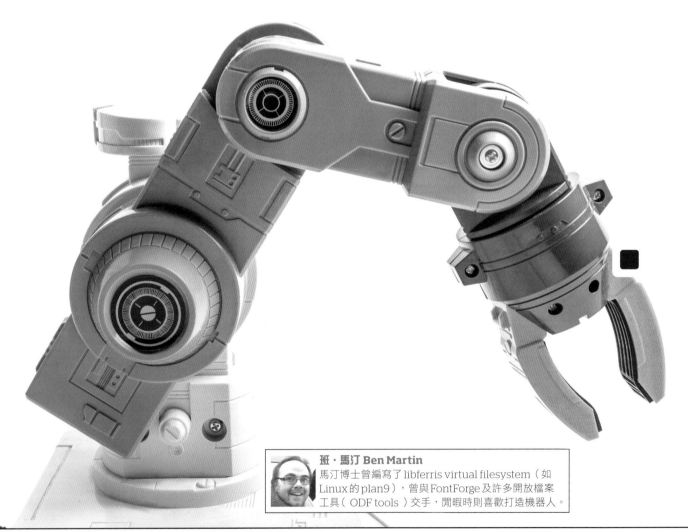

班・馬汀 Ben Martin
馬汀博士曾編寫了 libferris virtual filesystem（如
Linux 的 plan9），曾與 FontForge 及許多開放檔案
工具（ODF tools）交手，閒暇時則喜歡打造機器人。

ROS（機器人作業系統，Robot Operating System）是開源的機器人系統平臺，幫助機器人看見東西、測繪、導航，或是以最新的演算法作用於周圍的環境當中。假如想要製造複雜的機器人，已經準備好的ROS程式碼就能派上用場。ROS能在最低限度下運用。這可以透過Raspberry Pi等級的電腦安裝。

我們就來看看如何控制伺服機，做為ROS的入門篇吧。伺服機的缺點是會儘快遵照指令運轉，因此頭部常常會突然活動，以至於失去平衡。不過使用ROS之後，就可以進行正弦曲線運動，讓機器人保持穩定。由於可以在ROS當中進行這項操作，因此無須改寫控制用的程式碼。另外，連接伺服機和ROS的程式碼，以及伺服機的硬體都無須變更。再者，程式碼還可以任意使用。

ROS很適合用在Ubuntu或Debian上，無須編譯。建置時要在Linux機器上執行Ubuntu，使用業餘用伺服機、Arduino和普通的導線（可至 makezine.com/go/gsw-ros 下載程式碼）。ROS要在Ubuntu機器上啟動，訊息則透過USB傳送到Arduino。只要安裝二進位的ROS套件，就會在主控臺程式（像是gnome-terminal或konsole）追加以下指令，這樣Arduino系統就能辨識ROS函式庫。

```
cd ~/sketchbook/libraries
rm -rf ros_lib
rosrun rosserial_arduino make_l
ibraries.py .
```

Arduino 的程式

接下來要將程式碼上傳到Arduino當中，執行低階的伺服機控制，以便能從Linux機器操作。這時要以限制範圍內的百分比（0.0～1.0）指定伺服機的位置。之所以使用百分比而不是寫明角度，是因為Arduino的程式碼限制了正確的角度，要避免在指定角度時發生衝突。

就你所見，使用ROS之後，一般的迴圈函數就會變得相當簡單。迴圈函數只會訂閱（subscribe）資料，任何Arduino迴圈都一樣。設定時要將ROS初始化，將各個ROS訊息訂閱者的訂閱

叫出來。每個訂閱者當佔據Arduino的RAM，數量取決於要用程式碼做什麼，以6個到12個為限。

```
#include <Arduino.h>
#include <Servo.h>

#include <ros.h>
#include <std_msgs/Float32.h>

#define SERVOPIN 3

Servo servo;
void servo_cb( const std_msgs::
Float32& msg )
{
  const float min = 45;
  const float range = 90;
  float v = msg.data;

  if( v > 1 ) v = 1;
  if( v < 0 ) v = 0;

  float angle = min + (range *
v);
  servo.write(angle);
}
ros::Subscriber<std_msgs::Float
32> sub( "/head/tilt", servo_cb
);

ros::NodeHandle  nh;

void setup()
{
  servo.attach(SERVOPIN);

  nh.initNode();
  nh.subscribe(sub);
}

void loop()
{
  nh.spinOnce();
  delay(1); }
```

接下來要設法透過Arduino在ROS的世界說話。最簡單的方法是使用機器人啟動檔。雖然以下的檔案內容非常簡

單，但是這裡要追加啟動檔，如此一來即使是非常複雜的機器人，也能用一個指令啟動。

```
$ cat rosservo.launch

<launch>
  <node pkg="rosserial_python
" type="serial_node.py" nam
e= "osservo" respawn="true"
output="screen">
    <param name="port" value=
"/dev/ttyUSB0" />
  </node>
</launch>

$ roslaunch ./rosservo.lanch
```

rostopic指令可以看出ROS訊息傳送到機器人的哪個部位。看了下面的程式碼就會發現，「/head/tilt」可以透過Arduino使用。訊息要使用「rostopic」傳送。-1的選項只會發布（publish）訊息一次，通知/head/tilt傳送一個浮點數。

```
$ rostopic list
/diagnostics
/head/tilt
/rosout
/rosout_agg

$ rostopic pub -1 /head/tilt
std_msgs/Float32 0.4
$ rostopic pub -1 /head/tilt
std_msgs/Float32 0.9
```

這個階段當中，能夠將所有發布數值到ROS的已知方法用在控制伺服機上。假如從0改成1，伺服機就會全速運行。這本來並沒有問題，但實際上我們想要逐漸加速以達到全速，然後再逐漸減速，停在目標角度上。假如伺服機驟然運轉，機器人的動作就會變得僵硬，讓周圍的人嚇一跳。

用另一個節點平滑運動

以下的Python腳本程式會監聽/head/tilt/smooth的訊息，朝/head/tilt發布許多訊息，好讓伺服機轉到目標

Terry 和 Houndbot 都是 ROS 機器人，以 6,061 個鋁合金零件製造而成。我的目標是要盡量讓這些機器人自主運動。

機器人作業系統相關資源

在 **Ubuntu** 上安裝
wiki.ros.org/kinetic/Installation/Ubuntu

探索 **ROS** 的世界
wiki.ros.org/navigation

ROS Q&A
answers.ros.org/questions

挑選一本介紹 **ROS** 的書吧！
wiki.ros.org/Books

讓你的機械手臂透過 **ROS** 和 **MoveIt** 移動！
moveit.ros.org

用模擬器執行 **NASA-GM Robonaut2**。
ROS 就在上頭！
wiki.ros.org/Robots/Robonaut2

角度之前慢慢加速，再慢慢延遲旋轉。當訊息抵達 /head/tilt/smooth 時一定會呼叫 moveServo_cb。這個回呼函式會從 -90 到 +90 度之間每 10 度產生 1 個數值，追加到角度陣列當中。sin() 會取這個角度，數值從 -1 到 +1 慢慢增加。該數值加 1 之後，範圍就會變成 0 到 +2，再除以 2 之後，0 到 +1 的曲線數值陣列就完成了。然後再看看 m 陣列當中，每當發布訊息時，就會稍微前進一點，範圍在 r 之內，直到 1*r 或是全範圍為止。

```python
#!/usr/bin/env python

from time import sleep
import numpy as np

import rospy
from std_msgs.msg import Float32

currentPosition = 0.5
pub = None

def moveServo_cb(data):
    global currentPosition, pub

    targetPosition = data.data
    r = targetPosition - curren
tPosition
    angles = np.array( (range(1
90)) [0::10]) - 90
    m = ( np.sin( angles * np.pi
/ 180. ) + 1 ) /2

    for mi in np.nditer(m):
        pos = currentPosition +
mi*r
        print "pos: ", pos
        pub.publish(pos)
        sleep(0.05)

    currentPosition = targetPosi
tion
    print "pos-e: ", currentPos
ition
    pub.publish(currentPosition)

def listener():
    global pub
    rospy.init_node('servoencod
er', anonymous=True)
```

```python
    rospy.Subscriber('/head/til
t/smooth', Float32, moveSer
vo_cb)
    pub = rospy.Publisher('/h
ead/tilt', Float32, queue_
size=10)
    rospy.spin()

if __name__ == '__main__':
    listener()
```

想要測試伺服機順暢的動作，就要啟動 Python 腳本，將訊息發布到「/head/tilt/smooth」，這樣一來即可檢視順暢的動作。

```
$ ./servoencoder.py

$ rostopic pub -1 /head/tilt/
smooth  std_msgs/Float32 1
$ rostopic pub -1 /head/tilt/
smooth  std_msgs/Float32 0
```

ROS 當中的名稱也可以重新測繪。只要將「/head/tilt/smooth」重新測繪為「/head/tilt」，程式就能向伺服機發出命令，而不會意識到正弦曲線的數值在變化。

更進一步

雖然這裡只說明了簡單的伺服機控制，ROS 卻有更多功能。假如想要知道妨礙機器人的東西是什麼，不妨使用已經支援 ROS 的 Kinect。就算導航堆疊使用這項資料測繪，也可以饋送簡短的 Python 腳本，讓伺服機動起來，命令機器人追蹤附近的物體。沒錯，眼睛真的會追逐物體。

我用 ROS 做出 Terry 和 Houndbot 這 2 臺機器人。Terry 是室內用機器人，搭載 2 個 Kinect。一個專門用來導航，另一個則用於深度測繪。Terry 使用 6 片 Arduino，能夠從 ROS 支援的網路介面或 PS3 遙控器直接操作。

Houndbot 是設計成要在戶外使用。裡頭有遙控器、GPS、羅盤和 ROS 耳形控制器。現在我正想要搭載導航用的 PS4 雙鏡頭攝影機，因為 Kinect 不能在陽光下使用。這臺機器人重量為 20 公斤。前幾天追加了懸吊系統，為此還自行製造鋁合金客製化零件。 ◨◦

Ben Martin

可編程機器人 *Programmable Bots*

文：麥特‧史特爾茲　譯：花神

用這些機器人好夥伴學習寫程式吧！

麥特‧
史特爾茲
Matt Stultz
《MAKE》
雜誌的數位製
造編輯，同時
也是 Ocean
State Maker
Mill、Hack-
Pittsburgh
和 3DPPVD
的創辦人。

Anki Cozmo

Ozobot Evo

Mime Mirobot

在今日的世界裡，編寫程式的技能逐漸變得重要。所幸，學習程式語言也從未如此簡單。以拖放程式方塊為基礎的編寫環境，如 Scratch 等，可以讓你輕鬆學會創造軟體最基礎的概念。Python——一種我個人認為應該納入高中教學的語言——則已普遍存在於大多數你想使用的平臺上。至於 Arduino，則讓我們知道編寫傳統軟體也能很好玩——但能編寫它來與真實世界互動更有趣！這時就不得不提機器人了！

當 Lego Mindstorms 已毫無疑問地衛冕機器人教育平臺多年的同時，市面上也出現了許多其他的機器人。雖然它們不如樂高機器人套件那般模組化，但是價格便宜大半。我自己實際接觸了三款機器人，並且嘗試使用了它們的程式介面。

Ozobot Evo 集一身功能在乒乓球大小的外型裡。其結構包含 6 顆可編程的 LED 和近接感測器，底部則有循線感測器及色彩感測器。Evo 最有趣的部分應該是內建多色馬克筆，可用來設計迷宮！OzoBlockly 的程式介面讓你可以決定 Evo 與你所設計的迷宮之間的互動方式，也可以給予 Evo 其他挑戰。拖放式的程式方塊很容易上手，但希望 Ozo 設計團隊未來能開發更多進階工具！

Anki Cozmo 機器人一上市就引發了許多討論。Cozmo 體積不大，卻充滿個性。其外型很容易讓人聯想到迪士尼的動畫角色瓦力（Wall-E），它臉上有液晶螢幕可以顯示表情，能輕易地擄獲人心（Cozmo 還有內建臉孔辨識攝影機，可以辨認並與使用者對談）。Cozmo 身上裝有許多感測器來感知周遭世界，還附有類似堆高機的手臂可以與環境互動。Cozmo 的應用程式開發介面以 Python 為基礎，應用廣泛。雖然還在測試階段，但是這個介面可以讓你充分控制 Cozmo。Python 雖然是比較進階的程式語言，但對初學者來說也不會太難

上手，學成之後，還有很多地方可以用得上！

今天介紹的三款機器人當中，我最喜歡的就是最單純的 Mime Mirobot。這款扁平盒裝、雷射切割的套件，不用工具就可以在幾分鐘內組裝完成。Mirobot 的基本功能是繪圖機器人——它能將一支筆放在致動器上，給出指令就可以開始畫圖了。然而，Mirobotk 的真正厲害之處在於編寫程式的選擇。使用者可以透過多種程式方塊語言（包含 Scratch）來編寫程式，還可以接著改用功能更強大的程式語言（像是 Python 或 JavaScript）。對我們這種從小用樂高寫程式的人來說，Mirobot 就像是龜兔賽跑中的烏龜。它的功能很棒，在我打開 Python 介面的幾分鐘內，就已經能畫出不規則的形狀了。◼◼

EddiePlus
Self-Balancing Robot

文：蕾妮·L·格林斯基　譯：屠建明

自平衡機器人

用Intel Edison運算模組來打造微型輪式平衡機器人，並透過FPV攝影機駕駛它

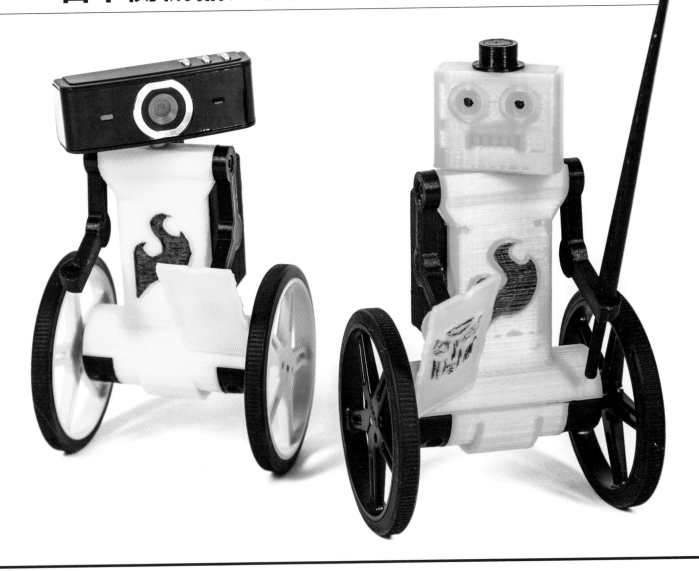

Juliann Brown, Hep Svadja, Renee L. Glinski

入門機器人學的過程中，打造出一臺自平衡機器人的意義和成年禮一樣重大。

我的機器人叫做Eddie Plus，它可以充電、進行Wi-Fi連線和遙控，而且是開源專題，讓所有人都能花一兩個週末將製作完成。它還可以透過FPV（第一人稱視角）攝影機來行駛到視線之外，充分利用它1小時的續航力。

我的第一臺Eddie只是用來做為消遣，順便幫我的Intel Edison運算模組找個用武之地。在熱切期待Edison上市的同時，我就已經規劃好可以應用它的專題。Edison的低功耗和小尺寸正好適合需要強大運算能力的小型電池驅動專題。我也很想用看看SparkFun的Edison開發板，將這些模組開發板堆疊在Edison上，為它增加馬達控制和電源管理等功能。

這次Eddie捲土重來，並且等不及要展示它的最新升級。EddiePlus外觀更簡潔，而且具備大幅提升的效能。保留所有原先功能的同時，也添加了全新的馬達編碼器、動態平衡、各輪的雙PID控制，以及搭配更高速馬達的大輪子。它的設計更新包含可更換的頭部，和一個保護電子元件用的「背盒」。

Eddie具備Windows、iOS和Python應用程式，你可透過Wi-Fi來進行控制。它的原始碼分享於github.com/r3n33/EddieBalance，另外我也在Google文件上準備了組裝指南（makezine.com/go/eddie-balance）。

快來做一臺吧！

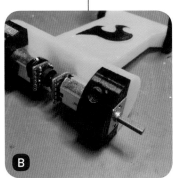

1. 安裝編碼器

有注意到我在馬達上畫的箭頭嗎？它指的方向是變速箱沒有齒輪的半邊（圖 **A**）。如圖所示，將編碼器的6個連接點朝向馬達的這一邊，接著按照製造商在 pololu.com/product/2598 提供的指南將它們焊接到位，並安裝磁盤。

注意：安裝編碼器時要讓它貼齊馬達底部。

2. 安裝馬達

用3D列印的馬達座和M2×14mm六角螺絲或自攻螺絲，將馬達安裝在EddiePlus的身體上。如圖 **B** 所示，調整馬達和編碼器的方向，並將其嵌入馬達座內部的溝槽固定。馬達安裝完成後須和身體邊緣及馬達座完美貼齊。

注意：照片拍攝時，我是用M2螺絲來固定馬達座。在將大多臺Eddie身體弄到滑牙後，我修改了馬達座設計來容納更堅固的自攻螺絲。新的馬達座有額外的好處：可以將螺絲頭完全隱藏起來。

3. 安裝電池板

首先，將M2×5mm螺柱接到EddiePlus身體背面，接著裝上M2×3mm螺柱（圖 **C**），讓電池板有足夠的間隙（圖 **D**）。這時要確認電池確實放在螺柱範圍內；可能需要調整一下位置。

注意：我拿到的所有電池板都已經預先安裝好電池，所以我得將電池卸下才能把位置調整到4個螺柱之間。重新黏上電池時小心別折到電路板。

時間：1～2個週末
成本：250～325美元

材料

» **Intel Edison 單板電腦** SparkFun #13024，sparkfun.com。你也可以在 makershed.com 購買 Intel Edison 外接板套件或 Intel Edison Arduino 套件，用裡面額外的擴充板來做實驗。

» **3D 印表機器人零件**：身體（1）、頭部（1）、馬達座（2）、編碼器蓋（1）、背盒（1）和手臂（2）請從 thingiverse.com/ thing:694969 下載免費 3D 檔案。兩隻手臂都在同一個 3D 檔案裡。頭部有兩種可以選擇，或者換成自己喜歡的設計。

» **微型金屬齒輪馬達**，齒輪比 75:2（2）#Pololu 2215，pololu.com

» **磁性編碼器**（2）一組二入，Pololu # 2598

» **輪子**，70mm × 8mm（2）一組二入，Pololu #1425

» **SparkFun Intel Edison 開發板**：雙 H 橋馬達控制器（1）、9 自由度 IMU（1）、Base Block 基板（1）、GPIO 板（1）及電池板（1）SparkFun #13043、13033、13045、13038 及 13037

» **排線**，6 線寬，總長約 200mm

» **電阻**：5kΩ（4）及 3.9kΩ 或 1.8kΩ（1）

» **USB 迷你網路攝影機（非必要）**我在 eBay 找到一臺可以直接夾在 Eddie 上的低解析度網路攝影機，只要 5 美元；Amazon #B00UNIU1E4 這臺看起來更棒。

» **Micro-USB 纜線（非必要）**你可以將它焊接到網路攝影機的電路板上

» **機械螺絲、墊圈與螺柱** 在專題網頁上（makezine.com/go/eddie-plus-fpv-balance-bot）有完整的清單。可以在 SparkFun 購買 #13187 的硬體小材料包，或在 Amazon 搜尋同等的 Uxcell 零件。

工具

» 烙鐵與焊錫
» 可連上網路及 Wi-Fi 的電腦
» 剪線鉗、剝線鉗
» 剃刀或美工刀
» 麥克筆
» 絕緣膠帶
» **3D 印表機（非必要）**如果要尋找可租用的 3D 印表機或列印服務，可以參考 makezine. com/where-to-get-digitalfabrication-tool-access。

雷妮·L·格林斯基
Renee L. Glinski

喜歡為各種機器人賦予生命。她的興趣橫跨機器人學、工程、原型製作和程式設計。她有 YouTube 頻道（youtube.com/Love RoboticsEngineering）和 Instagram 帳號（instagram.com/roboempress）可以追蹤。

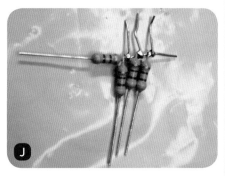

4. 安裝 GPIO 板

有趣的部分開始了。拿一段長約100mm的6線排線,將6條線的外層都剝除,接著沾上焊錫,防止排線散開。

首先,將排線最左邊的線(圖**E**)焊接到GPIO板的電源;接著將最右邊的線焊接到另一側的GND。

用剃刀或美工刀小心地將中間4條線分開,分別連接到GPIO板第44、45、46和183號焊墊。

> **注意**:我用的是3.3V電平,但你也可以選擇使用VSYS(~4VDC)。

我用麥克筆標記了邊緣的GND線,並且在左側編碼器使用的2條線畫上虛線(圖**F**),另外也把因為雙H橋板而用不到的7個GPIO塗黑。

5. GPIO 板和編碼器之間接線

沒錯,我們要繼續快樂地焊接。首先,將GPIO板透過另一組3mm螺柱疊在電池板上面。

將3.3V線焊接到其中一臺編碼器的VCC焊墊,再把GND線接到另一臺編碼器的GND焊墊(圖**G**)。接著,用2條短線將電源和接地橋接到對面的編碼器(圖**H**)。最後,將編碼器的訊號線焊接到左右兩側編碼器的A和B焊墊(圖**I**)。以下是接線表:

編碼器到GPIO連接點		
GPIO 44	右側編碼器	B連接點
GPIO 45	右側編碼器	A連接點
GPIO 46	左側編碼器	B連接點
GPIO 183	左側編碼器	A連接點

做到這一步的時候,給自己來一點掌聲吧。只要確認每條線都沒有碰到編碼器磁鐵就沒問題了。

因為GPIO板是採用TXB0108晶片進行電平轉換,所以我們要在4個編碼器訊號連接點各加裝一個5K上拉電阻(圖**J**、**K**)。如果沒有這些電阻,TXB0108的方向感測功能就不會讓編碼器訊號送達Edison。

Renee L. Glinski

為了防止馬達在開機時轉動，我們也要在GPIO 49裝上下拉電阻。如此一來，在系統開機時，TXB0108的預設高阻抗狀態就不會讓雙H橋脫離待機狀態。以下是我測試過的：

於GPIO 49測試過的下拉電阻		
4.7K	否	開機時維持高態
3.9K	是	可用
1.8K	是	可用

6. 接線並安裝雙 H 橋板

首先使用長約120mm的4線排線，焊接到雙H橋板的A1、A2、B1和B2焊墊。接著用錫橋連接VSYS->VIN焊墊（圖**L**），讓電池的電力能驅動馬達。

用3mm螺柱安裝電路板，並將排線繞到底面（圖**M**）。千萬不要折到排線的任何地方，因為這樣會降低馬達的動力。

右邊的線連接右邊馬達（圖**N**）。最右邊的線是H橋的B1，連接編碼器的M1。旁邊的那條線連接右邊編碼器的M2。

左邊剩下的線要接到左邊馬達（圖**O**）。最左邊的線是H橋的A1，連接到編碼器的M1。旁邊的線連接到左邊的編碼器。

7. 安裝 Base Block 基板

安裝Base Block基板之前，建議先在USB插孔上覆蓋3層絕緣膠帶，讓導電金屬不會暴露（圖**P**）。如果不這樣做的話，你會發現導電部位和H橋輸出過度接近。

8. 安裝 IMU 和 Edison

9DOF IMU是這一疊板子上的最後一塊開發板，Edison會固定在它上面（圖**Q**）。

這次我用的是Edison Mini擴充板套件的M1.5螺絲和M1.5×3mm墊圈。之前用過M2×3mm螺絲和螺柱也沒問題，但要注意孔旁邊的細小布線，弄壞就糟了。

9. 安裝馬達蓋和輪子

馬達蓋只要輕輕一壓就能闔上，不須使用螺絲就能固定（圖**R**）。排線也有足夠的間隙繞到GPIO板的下方，不會被蓋子折到。

將輪子推入定位的時候，我建議你用食指和拇指壓在馬達座和機身上。如果馬達有正確安裝的話，就會被鎖在定位；但這麼做還是能防止輪子被推進輸出輪軸的時候造成任何意外。

10. 收尾步驟

將「背盒」蓋裝到這疊電路板上，接著用M3×14mm螺絲來安裝手臂（圖**S**）。你可以調整手臂的位置，讓Eddie搬運各種東西。

最後用M3×5mm螺絲安裝上你喜歡的頭型（圖**T**、**U**）；或是換成裝上USB網路攝影機（圖**V**）。

完成了！剩下就是上傳EddieBalance程式碼，讓你的機器人活蹦亂跳。

O

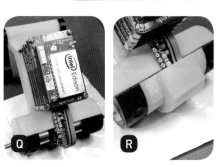

P

Q **R**

S

T

U

V

為Eddie自平衡機器人設定你的Edison開發板

》更新作業系統

從software.intel.com/en-us/iot/hardware/edison/downloads下載最新的Yocto映像檔,接著在software.intel.com/en-us/articles/flash-tool-lite-user-manual依照針對你的作業系統的Intel Flash Tool說明來操作。

》透過序列登入

現在我們要和EDDIE建立序列連線,做法是在電腦和EDDIE右後方的USB連接埠(標示「CONSOLE」)之間用MICRO-USB線連接。接著將EDDIE啟動,並且背盒朝下放置。

WINDOWS:在Putty設定畫面中的序列標籤內以USB連接埠建立序列連線,並且將Eddie的通訊速度值設為115200鮑。如果和Putty不熟,可以Google搜尋「Putty序列設定」。

OS X:將USB線插入電腦,接著打開終端機,並輸入:

```
ls /dev/ | grep usb
```

將tty.usbserial-[SOMEVALUE]複製到文字檔,然後使用此數值輸入

```
screen /dev/tty.usbserial
[SOMEVALUE] 115200
```

來和Eddie連線。

EDISON開機之後,在終端機按下ENTER,它會提示你登入。登入名稱是root;目前還沒有密碼。

》讓EDDIE連接WI-FI

登入EDISON後,執行:

```
configure_edison --setup
```

依照提示來設定主機名稱和密碼,接著就能將EDDIE連線到WI-FI網路。

注意:如果需要將Eddie連接至不同的Wi-Fi網路,則登入並執行:
```
configure_edison --wifi
```
來建立新的連線。如果已經在extras目錄設定啟動服務,則重新啟動後,就能透過應用程式找到Eddie。

》安裝依存性

Yocto Linux的封裝管理員是opkg。強烈建議使用AlexT的非官方opkg儲存庫來新增封裝到Edison,它有git和libmraa等很多好用的封裝。接下來要設定儲存庫,首先開啟/etc/opkg/base-feeds.conf檔案,新增以下的內容:

```
src/gz all http://repo.opkg.net/
edison/repo/all
src/gz edison http://repo.opkg.
net/edison/repo/edison
src/gz core2-32 http://repo.opkg.net/
edison/repo/core2-32
```

接著在登入Edison的狀態執行:
```
opkg update
opkg install git
```

》安裝EDDIEBALANCE軟體

建議從/home/root執行:
```
git clone https://github.com/
r3n33/EddieBalance.git
```

接著執行:
```
/home/root/EddieBalance/src/./
build
```

來確認一切準備就緒。
沒有輸出就代表一切編譯完成,可以開始測試Eddie。這時執行:
```
/home/root/EddieBalance/src/./
EddieBalance
```

如果要讓EddieBalance軟體在開機時執行,請依照/home/root/EddieBalance/extras/README.md這個讀我檔案的說明操作。

EddieBalance軟體會等待2個連接埠的資料;其中一個用來取得控制,另一個傳送指令,而Eddie會將資料回傳至回應埠上一個接收到的IP。

依照Github網頁(github.com/r3n33/EddieBalance)的說明來將Eddie「綁定」到電腦,進行遙控。「綁定」的動作是讓一個Wi-Fi網路能容納多臺Eddie機器人的不得已做法。我接下來想要的功能就是藍牙控制。

W

X

Y

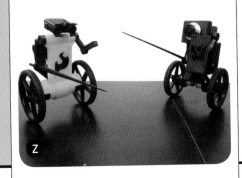

Z

Renee L. Glinski

準備出發！
駕駛你的 Eddie 平衡機器人

EddiePlus 愛跳舞、可以適應各種搬運負載（圖 **W**），碰到斜坡也不怕（圖 **X**）。我幫 Eddie 們製作了長槍和盾牌（圖 **Y**），讓它們在馬上槍術比賽爭鋒（圖 **Z**）。

從以下的應用程式三選一，透過 Wi-Fi 遙控駕駛 Eddie：

» 我分享過一個控制 Eddie 的 Windows 應用程式，它能讓你檢視和管理 PID 資料（圖 **AA**），還能用 WASD 按鍵來操控方向。你可以從我的伺服器下載 labrats.io/EddieUDP.exe。

» 將 Eddie 直立放在地板上，啟動、輕扶著它直到達到自平衡，要注意它向後的動作。將電腦連線至與 Eddie 所使用相同的 Wi-Fi 網路，接著執行控制軟體。在控制面板底部按下尋找（Find）按鈕，並從清單選擇 Eddie 的檔案。在靠近面板右上角的地方按下開啟串流（Stream On），就能開始接收遙測資料，並且用 WASD 按鍵控制 Eddie 的動作。

» 我也開發了控制 Eddie 的 iPhone 應用程式（圖 **BB**、**CC**）。現在還是 Beta 版，但你可依照 github.com/r3n33/EddieRemoteiOS 的說明，透過 Impactor 來安裝。

» 另外還有 Eddie 玩家 William Radigan 所寫的 Python 版控制器，位於 github.com/WRadigan/PyEddieControl。

加裝 FPV 攝影機

我曾經透過 edi-cam 軟體（github.com/drejkim/edi-cam）在網路瀏覽器串流 Eddie 的攝影機影像，以進行完整的 FPV 遙控。我也曾經成功在它的 iPhone 應用程式上串流過影像；但是我沒有足夠的時間進行開發，現在在應用程式上是停用狀態（說不定你可以幫忙開發！）

我碰到的主要問題是影像有震動的效果，因為攝影機是固定在俯仰軸上；但我在舊辦公室裡還是能從視線之外駕駛 Eddie。真的很好玩！話說回來，只要跟機器人有關，我幾乎都會覺得好玩。

我使用的 USB 攝影機是在 eBay 用 5 美元買到的。記得要儘量買最小的，接著只要將一條短的 micro-USB 線焊接到攝影機的 PCB 板，然後再插入 Base Block 基板的 OTG 埠就行了。

更進一步

當然，還有更簡單也更便宜的方法能夠打造自平衡機器人，但總是有代價，例如尺寸、功能或重量。從 Eddie 提供的功能來看，同樣的價格做不出更好的機器人了，除非你是特別精打細算的消費者。你有時候可以找到 Sparkfun 折價券或在 Micro Center 用半價買到已拆封的 Edison。如果要重新設計這個專題來降低成本的話，我會省略 SparkFun 開發板，改用自己設計的電路板來搭載必要的元件。

要在這個專題加入個人特色很簡單，只要編輯 3D 列印的部分，讓 Eddie 有獨特的外觀就行了。舉例來說，可以製作不同的頭來替換（圖 **DD**），並在底部預留六角螺柱的空間，這樣就可以替換頭部。

我現在也正在研究藍牙控制，但是還沒完成；相關的更新會分享在 Git 分支：github.com/r3n33/EddieBalance/tree/EddieBluetooth。

希望你和 Eddie 玩得開心，也期待你擴充和改良我的設計。如果有什麼新發現，或在打造 Eddie 的過程中需要建議，歡迎在我的推特 @EddieBalance 留言。

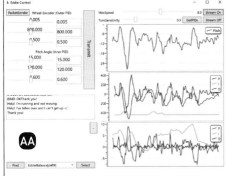

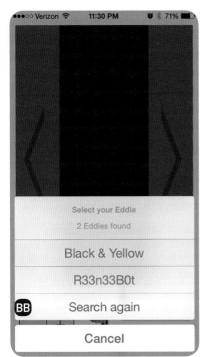

你可至 makezine.com/go/eddie-plus-fpv-balance-bot 瀏覽 Eddie 的操作影片及分享你的作品。

Chip-E
Bipedal Robot

文：蕾妮・L・格林斯基　譯：屠建明

雙足機器人

打造3D列印的Arduino
月球漫步機器人，看它以
內建和自訂的步態行走

時間：一個週末
成本：150～200美元

材料

- » **3D 列印機器人零件（各1）：**
  底座、中段、頭部、頂板、
  右腿、左腿、右腳板、左
  腳板 你可從 thingiverse.
  com/thing:1795648 免費
  下載 3D 檔案並列印，或交由
  Shapeways、3D Hubs 等服務
  代為列印。
- » **RobotGeek Chip-E 套件，**
  150 美元 購自 robotgeek.com/
  robotgeekchip-e.aspx，包含
  以下材料：
  - » **RobotGeek Geekduino 微**
    控制板 #RGGEEKDUINO
  - » **RobotGeek 感測器擴充板**
    #RG-SENSHIELDV2
  - » **RobotGeek 紅外線接收器**
    #ASM-RG-IRRECEIVER
  - » **RobotGeek 蜂鳴器**
    #ASMRG-BUZZER
  - » **LCD 顯示器，2×16 序號**
    #SSLCD23154P
  - » **伺服機，6V，180°（4）**
    #ASM-RGS-13
  - » **C 型鋼，50mm × 25mm**
    × 55mm（2）#RG-
    TR00035
  - » **鋰離子電池，7.4V，**
    2200mAh，附充電器
    #BAT-LION7V2200 與 CHG-
    LION
  - » **萬用紅外線遊戲臺 #UG-**
    IRGAME
  - » **螺栓、螺帽、螺柱及線纜** 完整
    清單請見 learn.robotgeek.
    com/projects/297-chip-
    eassembly-guide.html

工具

- » **可連上網路的電腦與 Arduino**
  IDE 軟體 你可至 arduino.cc/
  downloads 免費下載
- » **六角起子：2.5mm 和 1.5mm**
- » **鉗子**
- » **3D 印表機（非必要）** 你可到
  makezine.com/where-to-
  get-digitalfabrication-tool-
  access 尋找可以使用的印表機或
  列印服務。

蕾妮・L・格林斯基
Renee L. Glinski
喜歡為各種機器人
賦予生命。她的興趣
橫跨機器人學、工
程、原型製作和程式設計。她有
YouTube 頻道（youtube.com/
LoveRoboticsEngineering）和
Instagram 帳號（instagram.
com/roboempress）可以追蹤。

雙足機器人通常都不太容易製作（這臺除外），
但它們真的跟人很像！

　　我8歲的時候就打造了自己的第一臺人形機器
人，它有鋁箔膠帶和卡帶錄音機開關做成的湊合
電路，並且用腳踏車輔助輪來滾動。之後還做了
一臺搭載升壓變壓器、在握手時會輕輕電人而惡
名昭彰的機器手臂。還好我長大之後沒有那麼壞。

　　成為DIY機器人玩家的我開發了Eddie平衡機

器人（參見P.32）等開源機器人，也和Trossen
Robotics合作開發HR-OS1和HR-OS5等更進
階的人形機器人。目前我正在Trossen以及它旗
下子公司Interbotix Labs和RobotGeek進行
我最喜歡的工作：賦予機器人各種驚奇的功能。
最新的設計之一，就是我覺得很可愛的Chip-E
機器人。

　　Chip-E原本是家人過世後那陣子，我用來鼓勵

Juliann Brown, Hep Svadja, Renee L. Glinski

自己的個人專題。因為手上有RobotGeek的元件，我本來計劃的是簡單的雙足設計，但又因為已經做過幾種搭載4顆伺服機的雙足機器人，我想嘗試不一樣的。

Chip-E有LCD的「眼睛」提供視覺回饋、有壓電式蜂鳴器提供聽覺回饋，還有紅外線感測器提供控制。除了這些功能之外，它有4顆強大的RGS-13伺服機和擴充更多感測器的空間。和姊妹作Eddie一樣，Chip-E設計成可簡單以3D列印製作，還有為懂得欣賞它的人帶來歡樂（很多Maker會發現那個「點」的象徵和缺角讓它看起來像塊微晶片）。

為步行而打造的機器人

雙足機器人有很多形態。有些簡化的設計專注在效率；有些則較為複雜，讓平衡成為挑戰。產生運動的腿部移動模式稱為「步態」。對Chip-E這樣的機器人而言，步態的產生簡化為透過伺服機位置的振盪來構成不同的移動模式。Chip-E的大腳板和高扭矩伺服機設計，在平衡上絕對有優勢。

Trossen將RobotGeek Chip-E機器人做為我們的第一款3D列印套件推出：你只要印表機身，就能搭配我們附在這款便利套件中所有元件。裡面包含我們最新的萬用紅外線遊戲臺，可以進行無線控制，並透過各種按鈕執行動作和變更設定；它還有雙機模式讓你能控制2臺機器人。Chip-E的程式碼是以Zowi專題為基礎建立，和BoB、Otto以及其他開源雙足機器人相容。Chip-E的雙足代表它能走路、跳舞，甚至在你的辦公室或遊戲區亂晃。而且因為它又小又堅固，你可以帶它四處冒險。

打造你的 Chip-E

在learn.robotgeek.com/projects有完整的說明。以下是重點整理。

1. 設定GEEKDUINO

從github.com/robotgeek/Chip-E下載Chip-E的程式碼和必要的資料庫到電腦，接著用Arduino IDE開啟程式碼並上傳到Geekduino開發板。將感測器板堆疊在最上面。

2. 準備伺服機

伺服機是用來構成你的機器人的臀部和腳部關節，所以在組裝機器人之前須將它們調到特定的位置，否則無法順利運作。將馬達插入感測板的數位I/O腳位3、5、6、9，然後執行Arduino腳本程式碼centerServo.ino，就可以將馬達固定在中央90°。接著就可以安裝伺服臂。

3. 組裝機器人

依照robotgeek.com的説明組裝Chip-E（圖Ⓐ）。

4. 連接電子元件

按照下表將伺服機、LCD、蜂鳴器和紅外線接收器連接到感測器板，就完成了（圖Ⓑ）。

右臂伺服機	Digital 9
左臂伺服機	Digital 10
右腳伺服機	Digital 5
左腳伺服機	Digital 6
螢幕	I2C
蜂鳴器	Digital 12
紅外線接收器	Digital 2

5. 編寫程式並控制Chip-E

上傳並執行Chip-E_Gamepad範例腳本程式碼，然後透過紅外線遊戲臺來移動Chip-E（圖Ⓒ）：

» 方向鍵：前進和後退、左轉和右轉。
» TA和TB按鍵：Chip-E步態的加速和減速。
» A、B、Select和Start按鈕：Chip-E很好動，讓它原地搖擺或跳舞吧！
» A/B開關：切換2個信號模式來控制2臺機器人，或用來避免與其他紅外線裝置產生串音。

6. Chip-E的微調

如果發現Chip-E的腿部有點偏離中央，而腳部和地面不完全平行，可透過程式碼輕鬆處理，只要調整Chip-E_Gamepad腳本程式碼第72～75行的幾個值：

```
const int TRIM_RR = -5; //Trim on
the right ankle
const int TRIM_RL = -7; //Trim on
the left ankle
const int TRIM_YR = -4; //Trim on
the right hip
const int TRIM_YL = -2; //Trim on
the left hip
```

這些值可以變更成任何正負整數來調整

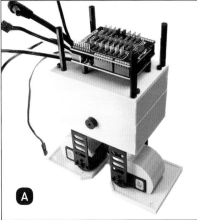

Ⓐ

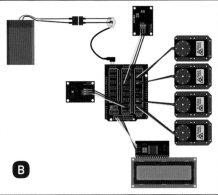

Ⓑ

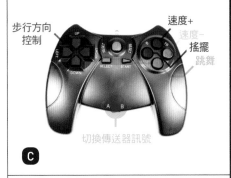

步行方向控制　速度+　速度-　搖擺　跳舞　切換傳送器訊號

Ⓒ

各個伺服機的中心位置。一開始可以將它們都設為零，載入程式碼，然後觀察預設的位置。

個人化雙足機器人

Chip-E有空間可以加裝更多RobotGeek模組，例如溫度和光線感測器、紅外線發射器和LED。依照你的需求自訂Arduino程式碼來啟用功能。列印的顏色也隨你挑選，甚至可以下載SketchUp檔案來從頭重新設計。希望大家都和我們一樣玩得愉快！◖◗

歡迎到makezine.com/go/chip-e-biped-robot觀賞Chip-E的舞步，並分享你的設計。

TrotBot
Better Than a Beest

文：班・維戈　譯：編輯部

更勝仿生獸　你可以用樂高打造這臺能跨越各種障礙的8足步行機器人

班・維戈 BEN VAGLE
一名住在美國科羅拉多州的高中一年級學生。
童年大多在觀察動物和組裝樂高中度過，這類
激發了他做為一名年輕Maker該有的熱情和活力

三年前我13歲時，加入了一個致力於開發新型步行機器人「TrotBot」的團隊，這款機器人是以樂高Technic系列組裝，我們還曾將它按比例放大至一臺SUV的大小（圖 A）。我們在2016年紐約World Maker Faire上展示了我們最新的巨大TrotBot以及其他樂高原型，深受孩子們喜愛。

由於這些美好的回憶，我開發了一個關於步行機器人的STEM挑戰，想要分享給其他的孩子和老師們。

TrotBot是一臺機械步行者，就如泰奧・揚森（Theo Jansen）的仿生獸（Strandbeest）和喬・克蘭（Joe Klann）的機械蜘蛛。但我們的初衷是針對兒童而開發，啟發他們學習工程學，並打造自己的步行機器人。因此，我們的設計有兩個主要目標：

1. 擬真的動作——模仿奔馳中的馬匹。
2. 絕佳的活動性能——我們希望孩子們能夠真的去「玩」機器人，希望他們不只在平坦的人造平面，而是在野外高低起伏不一的土地上也能徜徉在想像力中，想像機器人能做到的事情。

我們藉由能抬高的足部機構來達成活動性的目標，讓足部不會深陷在坑洞或障礙物中。為了讓我的意思更清楚，這裡有一張電腦模擬圖（圖 B）比較了TrotBot（右）、仿生獸（左）及克蘭的機械蜘蛛（中）的步態，顯示三臺機器人移動時的腳步有多麼不同（從右至左）。

但我說真的，你應該看看TrotBot實際行走時的模樣，無論是爬上這個木頭堆（圖 C），還是漫步在岩漠中（圖 D）。歡迎至YouTube觀看我的影片（makezine.com/go/trotbot-youtube）。

我們從升級TrotBot規格的過程中學到了很多，而我也將這些經驗回歸到樂高的尺寸來打造更具活動性的步行機器人，包括在抬高步伐同時能增加抓地力的足部設計。

我其實可以用雷射切割機打造木製機器人套件，但我想，我可以用樂高這個孩子們都熟悉且喜愛的材料來發布專題，以發揮STEM最大的效果。而且，樂高的Mindstorms EV3系統有著步行機器人所需的基礎自動化元件，讓孩子們可以使用

Juliann Brown, Beth Vagle [A], Ben Vagle [B–G]

TrotBot做為探索科技的平臺。一旦他們熟悉了TrotBot的設計，也可以輕易地用其他材料，如Vex來打造。

至今，TrotBot機構的詳細規格尚未發布，但我總是在Maker Faire上被人們詢問會不會販售TrotBot套件，或能否至少透露製作方式。我終於履行了我的承諾，將細部規劃及工程概念公布出來了。

你可以在我的網站DIY Walkers（diywalkers.com/trotbot.html）上找到TrotBot的製作方式。這大約花了我一整天時間努力完成。首先，你需要打造每一隻腳的機械連桿結構或「運動鏈」（圖 E 和 F）；接著只要將8隻腳裝置在一個具備馬達和齒輪系的框架中，即可運轉（圖 G）。

除了Technic系列的傳動桿、栓銷和齒輪外，TrotBot還使用了樂高的Power Functions IR RX 8884指令接收器、8885 IR遙控器、2顆樂高馬達（我建議使用較小的8883 M-Motors，不過你也可以使用轉速減半的4 x torque XL 8882馬達）以及一個8881電池座。我也建議你使用更輕、更持久的鋰離子AA電池，可以增強性能。至於將腳固定在框架上的輪軸，你可以使用樂高的塑膠輪軸，但我比較傾向使用外徑 $^3/_{16}$" 的銅管，更能支撐整臺機器人的重量（用鋁棒也可以）。在使用EV3 Intelligent Brick後，我會再與各位分享另一個版本。

我希望DIY Walkers能啟發更多孩子和教育者透過設計和打造步行者機器人來接觸工程領域（不一定是TrotBot，我將會發布其他步行機器人的細部規劃）。製作步行機器人可以鼓勵孩子們學習更多新技能，包括設計、動力學、結構工程、控制和最佳化編程以及——相信我，解決問題的能力！ ◼◻

自己製作一臺TrotBot，並到makezine.com/go/legotrotbot-8-legged-walker將製作方式、模型和訣竅與我們分享吧！

色彩感測音序器

轉吧七彩樂高！創作各種聲音組合連發

Color-Sensing Sound Sequencer

文：布萊恩・麥克納馬拉　譯：潘榮美

自從我為女兒的一歲生日做了一個作曲機器人 R-Tronic 8-Bit，我就欲罷不能，持續設計電子樂器。R-Tronic 8-Bit 也登上了 2008 年的《MAKE》雜誌。它是一個原理簡單的音序器：將形狀轉換為聲音，創作出簡單的樂曲。

從那時候至今，我已經製作了約 50 個合成器、looper 以及音序器，個個都獨樹一格。其中一些我當做 DIY 專題分享，另一些則在 Etsy 上販售，像是 Wicks Looper、the Automaphone 以及 RotoSeq。Rotoseq 是一個旋轉音序器，在 4 個不同光感測器的路徑上偵測是否放有彈珠，藉此控制程式。

這次要介紹的專題就是這個 RotoSeq 的樂高版本，不過變得更簡單、更聰明了——這個版本只需要一個感測器，就能感測 8 種顏色。在每支手臂末端會放置一個由各色方塊組成的高塔；當這個彩色塔經過光感測器時，就會播放與該顏色相對應的聲音。聲音的排列組合可以是無限多種！

這個樂高 Rotoseq 以樂高 Mind storms EV3 Intelligent Brick 為處理器，同時處理 3 個任務：控制旋轉手臂的馬達、接收 EV3 色彩感測器訊號，以及播放內建的 WAV 音訊檔。你當然可以自行換成其他音檔，創作前所未聞的歌曲。

打造你專屬的樂高 RotoSeq Sequencer

這個 Rotoseq 真的超簡單。只要先打造馬達底座，讓有 12 支手臂的平臺旋轉；接著組裝色感測器，用來偵測 2×2 顏色方塊塔的顏色與位置；最後再連接大腦，也就是 EV3 感測器，就完成了。

1.打造底座

我們就先從樂高馬達的底座開始製作。其實你要怎麼設計都行，但是務必要夠結實，因為到時候平臺會旋轉得很快，而且它的重量也不輕。我用 8 齒齒輪將輸出安裝在馬達上，再用 40 齒齒輪安裝在平臺側

時間：1～2小時
成本：200～350美元

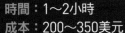

材料
» 樂高 Mindstorms EV3 Intelligent Brick
» 樂高中型伺服機
» 樂高 EV3 色彩感測器
» 樂高 2×2 積木：藍、白、綠、紅、黃 每個積木塔需要 3 個，你至少會需要 12 個積木塔。
» 樂高齒輪：小型（1）與大型（1）
» 樂高車輪（2）做為車轂——我使用的是樂高 NXT 系列
» 其他系列樂高積木，可按照你的喜好選擇，用來組裝底座與平臺。

工具
» 已安裝 EV3 編程軟體的電腦 你可由 lego.com/enus/mindstorms 免費下載

布萊恩‧麥克納馬拉
Brian McNamara
他製作過各種實驗性質的樂器，不過主要鑽研的是使用特殊動力驅動的自動化聲音藝術裝置及樂器。他在自己的音樂會 CupAndBow 中就用了許多自製的樂器。etsy.com/shop/rarebeasts

*小俟事：我曾經為 Beastie Boys 的亞當‧侯洛維茲（Adam Horovitz）製作過一臺「毀滅節奏」（Beat Destructor）；也為 Alt-J 的托姆‧葛林（Thom Green）製作過一臺「破裂電子」（Ruptutron）。

A

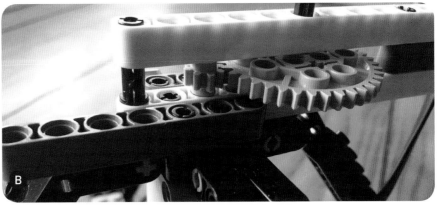

B

Juliann Brown, Brian McNamara

* 中文譯註：Beastie Boys 為美國嘻哈樂團；Alt-J 為英國獨立搖滾樂團。

C

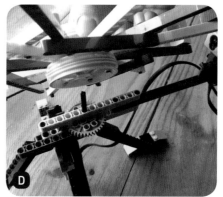

D

E

RotoSeq原型機

我最初製作的RotoSeq是以手動發電機供應電源，有8個時間槽與4種音效，使用4個光感測器（也就是光敏電阻，簡稱LDR），連接至Picaxe微控制器來製造音樂。某個角度來說，它和這次的樂高版本運作方式相反：首先，要在轉盤上每個固定位置放上彈珠（這時不會發出聲音）；接著，將其中一個彈珠從轉盤上拿走，就會播放對應到該位置的聲音。每個顏色都代表4種前置音效之一，每個位置則代表音序器8個時間槽之中的一個。RotoSeq的中心則是一個Picaxe 28X處理器，處理器會從四個LDR擷取資訊，生成音序器中的4種低保真（lo-fi）音效。LED則為LDR提供穩定的光源。使平臺轉動的則是一個改裝過的伺服機。我到現在還是持續使用這個RotoSeq，但是因為馬達有點吵，所以我用新的音效以及高水準的木工做了一個改良版。這個版本應該會以Arduino取代Picaxe做為處理器，同時改用步進馬達。

F

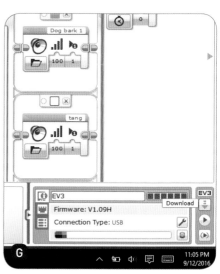

G

H

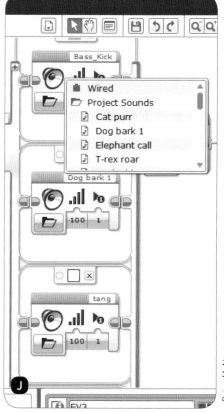

I

J

Brian McNamara

（P.43，圖 **B**）。另外，我們的底座還需要一個下桁，從其中一側伸出去以支撐色彩感測器，長度要稍微超出平臺的手臂。

2.製作平臺

Rotoseq的平臺有12支手臂，你要怎麼安排位置都行。至於車輪中央的轂，我使用兩個樂高 NXT套件的輪子，每個套件各有6支手臂；我將它們分別上下擺放，調整手臂位置使它們分開，變成12個（圖 **C**）。最後將平臺的中央轂安裝至馬達的軸心（圖 **D**）。

3.建造彩色塔

我們要製造幾個三層樓高的塔，由 2×2 個積木組成，分別有藍、紅、白、綠、黃幾種顏色。在每座塔底下，要用兩單位長的軸穿進去，讓彩色塔穩坐在平臺手臂上（圖 **E**）。

4.安裝色彩感測器

現在，將色彩感測器安裝在預定位置上，讓它用最精準的位置感測每個三層積木高的塔（圖 **F**）。

5.為EV3編程

從 makezine.com/go/lego-rotary-sequencer 下載程式碼檔案Lego_Rotoseq.ev3，然後在電腦上使用 Mindstorms EV3軟體，將檔案上傳至 EV3 Intelligent Brick（圖 **G**）。將色彩感測器連接至Input 1，馬達連接至 Output A（圖 **H**）。這樣就大功告成了。

特別感謝埃德加・麥克納馬拉（Edgar McNamara）和蕾哈娜・麥克納馬拉（Rhianna McNamara）協助製作本專題。

來點機器人版的電子音樂

RotoSeq的玩法是將彩色樂高積木放置在旋轉手臂的末端，每個顏色代表5種聲音的其中一種，每個位置則是代表12個音效序列槽的其中一個。

現在，開始運作EV3積木上的程式。up ／down鈕用來控制旋轉手臂的速度（圖 **I**），中間的按鈕則是停止旋轉，讓你可以增加或拿掉彩色塔。軟體偵測到每種積木的顏色，就會觸發播放5個音檔中對應的那一個。你可以盡情交換、移除、「混音」彩色塔的位置，創造全新的歌曲！

> **訣竅：**沒有用到的彩色塔，就整理放到平臺中間，免得被色彩感測器偵測到。

客製化音效

用 Mindstorms EV3，就能輕鬆更換聲音檔。要載入你自己的音檔，請按Tools（工具）→Sound Editor（聲音編輯器），上傳要用的WAV檔後按Save（儲存），輸入你想幫音檔取的名稱。現在，在圖像程式碼區找到有喇叭圖案的程式編輯方塊，總共有5個，分別標示為：Bass_kick（低沉踢聲）、Dog_bark1（狗叫1）、Tang（尖聲）、Coin（硬幣），以及Snare（小鼓響弦）（圖 **J**）。點擊你想換掉的音檔名稱，然後從下拉式選單中新增你要用的檔案。將程式重新載入EV3積木，就萬事俱備了。

> **訣竅：**我的音效範例檔是在一個開源的WAV程式庫下載的，上網搜尋 open source drum samples（免費鼓聲音效）就找得到。

更進一步

想用 RotoSeq 當做擴音器或錄音器的輸入裝置嗎？EV3積木沒有音源輸出端，但是既然有內建藍牙、Wi-Fi及USB，總是有辦法連接到輸出裝置的，就算不是喇叭也無所謂。我自己還沒想到辦法，不過說不定你可以。

而且，你或許還可以使用超過5個音檔。一開始我把感測器能感測的8種顏色全都用上了；但是常常會偵測到假警報，在高速旋轉時尤其如此，所以最後我還是選擇比較保險的顏色組合。不過我相信一定有辦法做到！

祝你製作本專題時玩得愉快，如果有任何需要，或是有任何問題，歡迎寄信至 rarebeasts.mail@gmail.com。

> 想看樂高RotoSeq運轉中的樣子、更多照片，或是分享你的專題，請上makezine.com/go/lego-rotary-sequencer。

MAKE雜誌上，還有更多
由布萊恩・麥克納馬拉提供的精彩合成器專題：

LUNA MOD循環效果器
製作一個簡單的手持音樂合成器及循環播放器，來創作驚奇有趣的數位音樂。makezine.com/projects/theluna-mod-looper

MOOFTRONIC迷你合成器
以Picaxe微控制器為基礎，用超迷你樂器創作全新的音樂。mooftronic-mini-synth

R-TRONIC玩具音序器
有了這個電子音樂創作玩具，寶貝們就可以盡情徜徉在形狀、聲音和燈光的世界裡。makezine.com/projects/r-tronic-toymusic-sequencer

如何手縫皮革

文：提姆・迪根　譯：潘榮美

這些基本技巧就是推進力，帶你走向自製工具包、袋子、服裝的無垠世界

提姆・迪根
Tim Deagan
（ @TimDeagan ）
都待在德州奧斯汀的工作室裡製模、印刷、絹印、焊接、硬焊、彎管、拴螺絲、黏接、釘東西，還有做白日夢。身為問題解決專家，他以程式設計、編寫及除錯來養家糊口。他是《Make: Fire》一書的作者，也為《MAKE》、《Nuts & Volts》、《Lotus Notes Advisor》等雜誌或平臺撰寫文章。

雖然早自文明初始，人類就已開始駕馭皮革工藝；但它至今仍是一個娛樂性高又有用的技巧，在這個3D列印的時代仍舊如此。當然，你可以一輩子鑽研皮革工藝錯綜複雜的學問，不過簡單一點的技巧每個人都學得會。其中最有用的，莫過於將皮件縫在一起。縫製皮革的過程和縫合布料很像，但是有幾處明顯的不同。在這次的專欄中，我們會學習如何用鞍形針縫（saddle stitch）手工縫製皮革。

手縫皮革聽起來是個艱鉅的任務，不過既便宜又穩固，沒有你想像中那麼困難。用鞍形針縫其實比機器車縫還要耐用。機器車縫一旦斷

掉，整個皮件就散開了。如果是鞍形針縫斷掉，縫線還是會互相固定（圖 **Ⓐ**）。

鞍形針縫用的針更重、更長、更鈍，針眼比一般的縫衣針大。與縫合布料不同，這種針不是用來穿孔的，而是先以錐子或鑿子打孔，再將針穿過去。我們會用兩支針，各用蠟固定在縫線一端，這種縫線也比縫布料的線更重、更穩固，通常以多股堅固的亞麻或合成材料製成。只要一小塊蜂蠟就能固定縫線（圖 **Ⓑ**）。

剪下與手臂張開寬度等長的線，如果是體積更大的專題，就加長一倍。將線頭穿過針眼，接著在離線頭約3"處將針尖插進線中間（圖

Hep Svadja

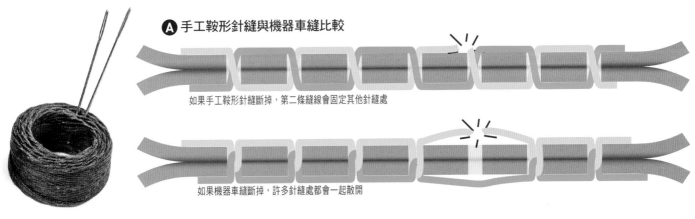

A 手工鞍形針縫與機器車縫比較

如果手工鞍形針縫斷掉，第二條縫線會固定其他針縫處

如果機器車縫斷掉，許多針縫處都會一起散開

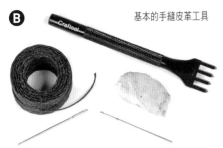

B 基本的手縫皮革工具

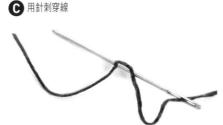

C 用針刺穿線

D 將線拉出來以拉緊疊合處

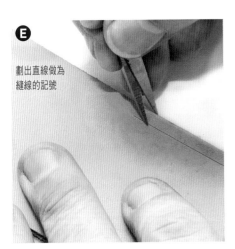

E 劃出直線做為縫線的記號

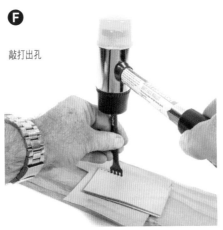

F 敲打出孔

G 我自製的「皮革固定夾」比傳統的固定夾小，可以在縫製時將皮革固定住

C）。我自己會重複穿一次。

　　將線拉出來，直到全部穿過針眼，然後將它拉緊（圖**D**）。在接合處塗上蜂蠟，纏在兩指之間將它拉緊。在線的另一端也照樣接上第二根針。

　　接著，我們來準備皮革。我們需要在皮革上劃線做記號，這條線到邊緣的距離須和兩塊皮革厚度加總同寬。有很多酷炫的工具可以做到這件事，不過只要有剪刀就可以湊合著當圓規刀使用了（圖**E**）。

　　每個孔之間的距離，隨你的用途、線的粗細及皮革的重量而定。如果使用錐子，

用間距輪（overstitch wheel）做記號最方便。用錐子很復古又酷，不過最近愈來愈流行用鑿叉（chisel fork）。現在，將要縫製的兩塊皮革調好位置放在一起，置於平整的工作檯上，中間要墊一塊不用的皮革。

　　沿著劃好的線，用軟頭錘以鑿叉打穿皮革。將鑿叉一路穿過穿好孔的兩塊皮革。將它拉出，將第一個叉放在剛才的孔，繼續敲向下一區（圖**F**）。一直到所需長度內所有的孔都敲過一輪為止。

　　你也可以把皮革固定夾架在膝蓋上，將

皮革放在上面縫合；也可以夾在軟面夾鉗間，或是想其他辦法讓手空出來（圖**G**），因為兩支針意味著需要兩隻手。

　　選一個孔開始，將其中一支針穿過去再拉出來，直到皮件穿到線的中央（圖**H**）。

　　這時有一根針會在皮件的背面，將它反向穿進下一個孔。繼針的方向朝向自己。將線穿過孔口約兩吋。將正面針的針尖穿過現在這條線進來的孔。正面針永遠在背面針的線前面（圖**I**）。

　　將正面的針穿過孔之前，要先確認沒有刺到背面的線。如果刺到了，這一針就得

Tim Deagan

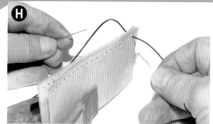

準備開始縫製

將正面的針穿進孔裡

將針縫拉緊

用回針法做最後加強

用鉗子將針穿過拉緊的針縫

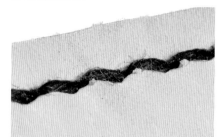

針縫超級特寫

剪掉重來（或是先習得把刺穿的線恢復的技能）。為了避免這種情形，我們可以在推進正面的針時，將背面的線先從孔裡拉回來一些。在正面的針要全部穿出之際，就可以停止拉回後面的線。接著，兩隻手各拿一支針，平均使力直到縫線拉緊（圖 J）。要注意的是，每個新的回合，針的正背面位置會交換。

繼續沿著這排孔重複相同步驟直到完成。我們會在最後兩個孔用回針法（backstitch）固定與加強，意思是，最後兩針我們會反方向重複縫一次（圖 K）。

因為孔裡已經有線穿過，很難將針再穿過去一次。通常到最後我會用尖嘴鉗協助作業（圖 L）。進行這個步驟時，別把針弄壞或弄斷。穿針的時候小心一點，儘量直線穿過，不要從側面施加額外的力。如果不慎將針弄斷，只要線還夠長、能接上新的針，還是救得回來。否則的話，就用剩下的一根針完成回針，祈禱它縫得夠堅固。

完成之後，用小剪刀或美工刀剪除剩餘的線，線頭離皮革愈近愈好。許多皮革工匠會使用一種特殊工具，稱為挖槽器（stitching groover），在這排針縫挖出淺淺的凹槽；縫製完成時，就用槌子將針縫敲進凹槽裡。塞好之後就能躲過外面風吹雨打，更持久耐用。

只要多練習幾次，從錢包到馬鞍都能手工縫製，簡單、快速又好玩。試試看，你會發現手縫皮革的全新世界！ ◿

更進一步
我們目前介紹的只是最基礎的針縫技巧，如果你想知道更多，艾爾·史托曼（Al Stohlman）的《手縫皮革藝術》（暫譯）（The Art of Hand Sewing Leather）可說是寶典。這本超棒的教學手冊，教導了千千萬萬個皮革工匠基礎與進階的縫製技巧。

Tim Deagan

認識萬用電表

由裡到外了解這臺必要的電子工具！

文：查爾斯·普拉特
譯：呂紹柔

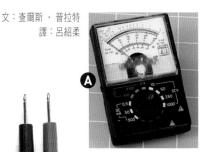

查爾斯·普拉特
Charles Platt
已寫作了超過50本書，最近一本是《Make: Tools》，以各種手持工具打造超過20個專題，連初學者也可嘗試。他的著作《圖解電子實驗專題製作》是該領域最暢銷的書籍，也是《電子元件百科全書》（Encyclopedia of Electronic Components）（暫譯）的作者。現為《MAKE》雜誌特約編輯。

所有的電子工具中，我覺得萬用電表是最不可或缺的。它可以告訴你電路中任兩端之間的電壓差，也能告訴你有多少電流流經。你可以藉此找到接線出錯的地方，也可以評估某個元件要用的電阻或電容，後者亦即該元件儲存電荷的能力。

如果你剛開始接觸這塊領域，這些詞語可能會讓你覺得很困惑，你也可能會覺得萬用電表看起來很複雜且很難用。但萬用電表並非如此，它會讓你的學習過程更加輕鬆，因為它可以告訴你許多你看不到的事情。

在我開始討論該買哪種電表前，我可以先告訴你不要買哪一種。請不要買用指針在刻度上移動的老式電表，如圖 **A**。它被稱為指針式萬用電表。

你應該選擇數位式萬用電表，以數字呈現數值。為了讓你有概念，以下我舉了四個例子。

圖 **B** 是我能找到最便宜的數位式萬用電表，比一本平裝小說或六瓶汽水還便宜。它無法測量太高的電阻或太低的電壓，準確度也不高，也沒有辦法測量電容。但是如果你的預算非常有限，可以用它來進行基本專題。

圖 **C** 的電表準確度較高，功能也較多。這種電表，或是類似的電表，是學習電子學的入門款首選。

圖 **D** 的價格較高，但品質較好。圖中這款已經沒有再生產，但你可以找許多類似款，價格可能會是圖 **C** 中NT牌的二到三倍。Extech是家信譽良好的公司，在面對其他品牌削價競爭的時候，仍努力維持其品質。

圖 **E** 是我在寫這篇文章時的愛用電表，具備我需要的所有功能，能測量的電壓範圍很廣，準確度也高。然而，它的價格不斐，比起主打便宜的電表貴上20倍以上。我將這臺電表當做是長期投資來看待。

要如何決定該買哪臺電表呢？這樣說好了，如果你在學開車，你不需要一輛非常昂貴的汽車。同樣地，如果你還在學習電子學，你也不需要一臺要價不斐的電表。然而最便宜的電表

Hep Svadja

Charles Platt

Ⓕ Ω Ω Ω

這三個都是希臘符號 omega，用來表示電阻。

Ⓖ 這個符號代表連續性測試電路的選項，反饋時會發出聲音。這是個很好用的功能。

可能也會有些缺點，例如內部的保險絲不易更換，或是旋鈕容易損壞等。如果你想要選擇不貴又可以接受的電表，我的經驗法則是：上 eBay 搜尋你可以找到最便宜的電表，然後把價格乘以二，用那個價錢做為指標。

不管你花了多少錢，以下這些屬性和功能都相當重要。

檔位

電表可以測量的範圍太大了，因此需要有限定檔位的方法。有些電表是手動選擇檔位，你要轉動旋鈕，選擇大概的數值檔位，例如 2 至 20 伏特。

有些電表則是自動選擇檔位，相較之下更為方便，因為你只要接上電表並等待，它就可以自己理出頭緒了。然而，這裡的重點就是「等待」，只要是使用自動選擇檔位電表來測量，你都必須等待幾秒，讓電表跑完內部的測量。我個人比較沒有耐心，所以我比較喜歡手動選擇檔位。

自動選擇檔位的另一個問題是，由於你沒有自己選擇檔位，所以必須特別注意顯示器上的小文字，告訴你電表所選的單位是哪個。舉例來說，K 和 M 在測量電阻的差別上，就差了 1000。在這裡我想提出建議：在一開始接觸電子學時，使用手動選擇檔位較好。這樣你就會有較少機會出錯，代價也不會太大。

在賣家的敘述上通常都會標明是手動選擇檔位或自動選擇檔位，如果沒有的話，你可以觀察旋鈕的部分，如果旋鈕的周圍都沒有數字，那就是自動選擇檔位。圖 D 的電表是自動選擇檔位，其他的都不是。

數值

旋鈕也會顯示有哪些可能的測量種類。你至少要有以下幾種選擇：

伏特、安培、歐姆，通常都是用字母縮寫 V、A、以及 Ω 的符號，也就是希臘的字母 omega，如圖 Ⓕ 所示。也許你現在不知道這些代表什麼，但這些都是最基礎的知識。

你的電表也要能夠測量毫安培（縮寫 **mA**）和毫伏特（**mV**），或許電表上的旋鈕沒有直接標明，但規格表上會提到。

DC/AC 代表直流電跟交流電，你可以用 DC/AC 按鈕或旋鈕選擇，按鈕式的應該更方便。

連續性測試是個很實用的功能，可以檢查電路中接觸不良或是斷掉的地方。這種情形最好要有個警示音提醒，在這裡以中間有個圓點，一邊有半圓形線條向外擴張的圖示呈現，如圖 G。

至於其他附加功能，你應該要選擇購買具有以下功能的電表，按照重要順序排列：

電容。大部分的電路迴圈都有個小型元件叫做電容，由於小型電容通常不會印有數值，因此能夠測量這些電容的數值就顯得很重要，特別是在電容混在一起的時候，或是（最糟的狀況）掉在地上。很便宜的電表通常沒辦法測量電容，如果有這項功能，通常都是用字母 F 表示，代表電容的單位法拉，CAP 這個縮寫也有可能被用到。

電晶體測試的小洞會標註 E、B、C、E，你可以把電晶體放入洞中，來決定電晶體應該放在電路的哪裡，或是檢查你是否把電晶體燒壞了。

頻率的縮寫是 Hz。

● ● ●

嚐嚐看電的味道

你嚐過電的味道嗎？
這不無可能。

你需要：
》9 伏特電池
》萬用電錶

注意：不能超過 9 伏特！
這個實驗只能用 9 伏特的電池，嚴禁使用更高伏特的電池，也不得使用可以釋放更多電流的大型電池。此外，如果你有戴牙套，請不要碰觸到電池。最重要的是，千萬不要用任一種尺寸的電池通電觸碰你皮膚破皮的地方。

步驟

讓你的舌頭上充滿唾液，用舌尖觸碰 9 伏特電池的金屬端。

你有感覺到那微微麻麻的感覺嗎？把電池放一旁，伸出你的舌頭，用紙巾把舌尖擦乾，再次觸碰電池，你應該比較不會感到麻麻的。

這是怎麼一回事？你可以藉由電表得知。

設定電表

你的電表本身就裝有電池嗎？用旋鈕選擇任一種模式，等看看儀表有沒有顯示數字，如果沒有數字，你得在使用前把電表打開，裝好電池，可以參考電表說明書。

電表都配有一條紅色導線跟一條黑色導線，每條導線的一端是插頭，另一端則是金屬探針。把插頭插到電表，然後把探針放到你想知道怎麼一回事的地方。見圖 ❶，探針偵測到電流，雖然流量不大。面對小量電流跟伏特時，探針不會傷到你（除非你用尖端去戳你自己）。

有的電表有三個插孔，有的則有四個（見圖 ❷ 和 ❸），以下是一些原則：

一個插孔應該會標示 COM，這個**插孔**適合各式的測量，只要把黑色導線插入即可。

另外一個插孔應該要有標註歐姆（Ω）的圖示，還有代表伏特的字母 V。它可以測量電阻或是伏特。把紅色導線插到這個插孔。

伏特／歐姆插孔也可以用來測量毫安培（mA）的微電流，你也有可能可以找到另一個專門的插孔。如果有，把紅色導線插入該插孔。

其他額外的插孔可能會標示 2A、5A、10A、20A 等，以表示最大安培量。這個插孔是用來測量高電流。

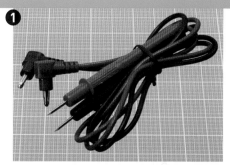

基礎知識：歐姆

首先，我們要測量你舌頭的電阻，單位是歐姆。但是歐姆是什麼呢？

我們用英里或公里來測量距離，用磅或公斤來測量重量，用華氏或攝氏來表示溫度。電阻的單位則是歐姆，歐姆是一個國際單位，以電子領域先驅Georg Simon Ohm為名。

希臘符號omega（Ω）代表歐姆，但若電阻超過999歐姆，則以大寫K表示，意思是**千歐姆**（kilohm），也就是1000歐姆。舉例來說，1500歐姆的電阻就是1.5K。

若超過999,999歐姆，則用字母M代表，意思是**百萬歐姆**（megohm），也就是1,000,000歐姆。在日常生活用語中，我們都會稱百萬歐姆為百萬歐（meg），如果有人說2.2百萬歐電阻，其數值就是2.2M。

圖❹是歐姆、千歐姆和百萬歐姆的參考表格。

在歐洲，R、K、M會用小數點取代，降低發生錯誤的機率，因此5K6在歐洲的電路圖上顯示為5.6K；6M8為6.8M；6R8則為6.8歐姆。在此我不會使用歐洲的標示方法，但你可能會在其他的電路圖看到這種標示。

如果該材料有非常高的電阻，便稱為**絕緣體**。大部分的塑膠，包含電線的有色外層，都是絕緣體。

若該材料電阻很低，則稱為導體。金屬類如銅、鋁、銀、金，都是優良的導體。

測試你的舌頭

檢查你的萬用電表上的旋鈕，你會看到至少有一個選項標註歐姆記號。如果是自動選擇檔位的電表，把旋鈕轉到標示歐姆符號的地方，如圖❺。用探針輕輕觸碰你的舌頭，等待電表自動選擇檔位，觀察字母K的數字呈現。千萬不要把探針插進你的舌頭！

如果是手動選擇檔位的電表，你要自己選擇測量數值。測量舌頭的電流，大概選

擇200K（200,000歐姆）就差不多了。請注意旋鈕的數字代表的是最大值，所以200K代表的是「小於200,00歐姆」，而20K代表「小於20,000歐姆」。請見圖❻的手動電表圖。

將探針放在你的舌頭上，兩根探針相距約1英寸。注意看電表的數字，應該會在50K左右。現在把探針放下，伸出舌頭，用紙巾仔細把舌頭擦乾。在舌頭再次變得濕潤前，重複先前的測試，這次的數字應該會更高。若使用手動選擇檔位的電表，可能需要選擇較高的測量範圍才看得出電阻數值。

如果你的皮膚是濕潤的（譬如說流汗的時候），電阻會降低。這個原則也用於測謊器，如果一個人說謊，通常會因為壓力而流汗。

你的測試結果可能會有這樣的結論：低電阻可以讓較多電流通過，而從第一個測試中，我們知道如果電流較多，舌頭麻麻的感覺較明顯。

善後與回收

這個實驗應該不會讓你的電池受損，或是耗盡電力，你下次還可以再使用。

把萬用電表收起來前，請記得把開關關掉。如果你隔一段時間沒有使用，大部分的萬用電表都會有警示音，提醒你關閉電源，有一些則不會。電表開啟時所使用的電力非常少，拿來測量時也是。◢

歐姆	千歐姆	百萬歐姆
1Ω	0.001K	0.000001M
10Ω	0.01K	0.00001M
100Ω	0.1K	0.0001M
1,000Ω	1K	0.001M
10,000Ω	10K	0.01M
100,000Ω	100K	0.1M
1,000,000Ω	1,000K	1M

本文摘錄自《圖解電子實驗專題製作》第二版。可至 makershed.com及美國各大書局購買。或至 makezine.com/go/multimeters閱讀第一章。

Charles Platt

Raspberry Potter!

文：西恩・歐布萊恩　譯：謝明珊

樹莓派魔法學院　福福應版，對奧利可德痞施展魔法——Raspberry Pi手藝辨識技術

若說《哈利波特》只是一種文化現象，那也太輕描淡寫了，《哈利波特》就是我們文化的一部分，絲毫不輸歷史上任何多媒體作品，啟發了我們不少人去追求自己的魔法──這也是本專題的重點。

在我和我的女兒去了一趟環球影城的哈利波特魔法世界後，我們決定用主題樂園的互動式魔杖打造一個專題，用來操控手邊的道具和器具。這個專題我們稱之為「樹莓派魔法學校」（Raspberry Potter），因為它是由 Raspberry Pi 驅動。我們去年在明尼亞波尼斯／聖保羅的 Mini Maker Faire 擺攤展示，而這篇文章──以魔法燈為主題──正是延續那個專題。

樹莓派魔法學校的原理

1.Raspberry Pi 透過紅外線相機，搜尋視野內反射紅外線的小光圈。

2.以 OpenCV 電腦視覺軟體來追蹤小光圈的動向，亦即我們的手勢。我們會用魔杖的反射端來施展「魔咒」。

3.一旦符合預定的移動模式，就能夠成功施展「魔咒」（圖 Ⓐ、Ⓑ、Ⓒ），Raspberry Pi 會負責執行操控連網裝置的程式碼──這裡的連網裝置是魔法燈。

魔杖怎麼做？

如果你沒有主題樂園的互動式魔杖（圖 Ⓓ），別擔心！只要在棒子的頂端黏上亮片就能輕鬆做出專屬魔杖。任何棒狀物都適合製作──我們只需要反射端來反射紅外線即可。請將亮片黏得愈光滑平坦愈好，有太多切面的並不適合。你也可以用珠光貼紙，例如 Amazon 販售的 #B001TNMW58。

我們從 Thingiverse（thingiverse.com/thing: 94309）列印的木製魔杖也有不錯的效果（圖 Ⓔ）。Make Labs 也使用過 Etsy 販售的派對專用酷炫魔杖（etsy.com/listing/20444 9758）。你也可以至專題網站 raspberrypotter. com 點擊新書連結，書中有詳細的魔杖製作步驟。

準備電子元件

1.設定 Particle Photon

我們先從設定 Particle Internet Button 開

在位於佛羅里達環球影城的衛斯理魔法商店，你可以在櫥窗邊用魔杖沖馬桶。

Ⓐ

Ⓑ

Ⓒ

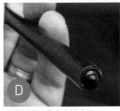

Ⓓ

環球影城互動式魔杖尖端。

Ⓔ

自製魔杖的尖端，在這個專題中同樣管用。

**西恩‧歐布里恩
Sean O'Brien**
行銷技術專家，任職於明尼亞波尼斯的 PadillaCRT 代理商。

**時間：
一週
成本：
100～200美元**

材料

» **乾淨且全新的戶外吊燈** 做為 Raspberry Pi 的外殼。我個人是購買 Amazon #B001CSMHDM。
» **毛玻璃噴漆**，裝飾燈罩用
» **Raspberry Pi 3 Model B 單板電腦**
» **MicroSD 記憶卡**，8GB 或以上
» **Raspberry Pi NoIR 相機模組** 我採用原版，但 V2 效果應該會更好，解析度會更高。
» **紅外線濾光片** 用來蓋住相機鏡頭，也可以使用古早的深色相機底片，或者添購紅外線穿透片，例如 Edmund Optics #43-952。
» **Particle Internet Button 開發套件** 內含 Particle Photon 微控制器，方便拆卸，之後可用於其他專題，另有 11 RGB LED 模組等。
» **紅外線 LED** 我採用 940nm LED（Adafruit #387），但其他紅外線波長也適用。這個專題光憑一個 LED，就可以照亮方圓 2～6 英尺的範圍。如果希望更亮一點，你需要更好的濾片和更亮的紅外線。我白天在 Make Faire 展示時直接使用現成的紅外線投射燈。
» **Micro-USB 傳輸線** 供應 Raspberry Pi 電源
» **跳線** 公對公、母對母
» **連接線（非必要）** 如果你偏好焊接的話
» **魔杖** 最好是環球影城出品的官方互動式魔杖，但你也可以用亮片或「珠光貼紙」自己做（參見本文「魔杖怎麼做？」）

工具

» 熱熔槍
» 鑽頭和麻花鑽頭 用來鑽穿金屬
» 高速磨刻機，附切割輪 例如 Dremel 品牌
» 萬能鉗
» 美工刀
» 烙鐵（非必要）

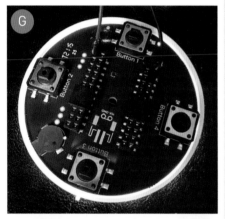

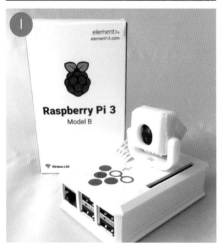

樹莓派魔法學院專題一開始用來裝 Raspberry Pi 和相機的外殼。你會將它放在魔法燈裡面！

始，這可以增強我們的光源（圖F）——除了 Particle Photon 微控制器外，還提供了11顆明亮的 RGB LED，能顯示出各式各樣的效果。

老實說，這個裝置在我們的專題中有點大材小用——Internet Button 有很多酷炫的功能，如 Wi-Fi 上網、方向鍵和三軸加速計。但它很容易操作，非常適合我們的電燈概念。而且，它也提供了許多專題進一步的可能性，讓你有所發揮。讓我們來設定 Internet Button，輸入程式碼，準備連接 Raspberry Pi。

1a. 依照 docs.particle.io/guide/tools-and-features/button/core 指示啟動 Particle Internet Button。

1b. 啟動後，從 Github 的 github.com/sean-obrien/rpotter/tree/master/ollivanderslamp 下載 lighthouse.ino 程式碼。接著透過 particle.io 線上主機載入 Internet Button。

1c. 我們會直接透過 Photon 的外接腳位驅動 Internet Button：將一條電線連接 3.3V 接腳，另一條連接 GND，如圖G。我們也會用 Photon 類比 GPIO 腳位來控制燈光；Raspberry Pi 設定完成後，將 A0、A1 和 A2 腳位連接上。

1d. 小心移除 Internet Button 的半透明塑膠蓋，這會提高魔法燈的亮度。完成後會是圖H的樣子。

2.設定 Raspberry Pi

我們需要安裝一些軟體封包，讓 Raspberry Pi（圖I）得以使用相機、GPIO 和部分的基本電腦視覺功能。我們會預設你使用的是 Raspberry Pi Pixel 來執行 Raspbian Jessie，如果不是，請先從 raspberrypi.org/downloads/raspbian 下載安裝 Pixel。

2a.安裝 OpenCV

一旦 Raspberry 開始運轉且上線，就可以安裝 OpenCV 了。這可能要花上幾個小時！OpenCV 是很棒的開源電腦視覺專題，pyimagesearch.com/2016/04/18/install-guide-raspberry-pi-3-raspbian-jessie-opencv-3 針對 Raspberry Pi 3 提供了完整的安裝攻略。

2b.安裝 PiCamera

請確認相機模組準備就緒。將 NoIR 相機安裝至 Raspberry Pi，插入排線，接著請在 Raspberry Pi 執行下列指令：

```
sudo pip install --upgrade "pic
amera[array]"
sudo pip install imutils
```

2c.安裝 Pigpio

最後，我們要安裝 Pigpio，以透過 Python 直接用 Raspberry Pi 的 GPIO 腳位進行通訊。請依照 abyz.co.uk/rpi/pigpio/ download.html 「方法一」的指示。接著執行下列指令以啟動 Pigpio 系統服務：

```
pigpiod
```

2d.安裝「樹莓派魔法學院」腳本

現在你可以下載並安裝專題所需的 Python 腳本。從 github.com/sean-obrien/rpotter 的 rpotter 頁面下載最新、最好的腳本。

將 Raspberry Pi 連接至螢幕或顯示器，確保腳本順利執行。如果一切安裝正確，你會在螢幕看到相機接收的影像。

2e.設定系統服務

確定一切正常運轉後，我們還需要添加後臺執行（init 系統服務），讓

Sean O'Brien

Raspberry Pi的腳本可以隨時自動啟動。

請前往github.com/sean-obrien/rpotter/tree/master/ollivanderslamp下載rpotter-startup，將這個檔案安裝到/etc/init.d/路徑，並執行下列指令以將它啟動：

```
sudo chmod 755 /etc/init.d/rpot
ter-startup
```

指示腳本在啟動時運作：

```
sudo update-rc.d rpotter-startu
p defaults
```

現在從顯示器拔掉Raspberry Pi，重新啟動。Raspberry Pi會自動啟動腳本，搜尋像魔杖的物體。

3.將Raspberry Pi連接Particle

現在Raspberry Pi已準備就緒，我們要將Raspberry Pi連接Photon。圖 J 是連接兩者的電路圖。你可以看到先前下載的Photon程式碼有提到這些腳位。基本上，我們要分別將Photon的A0、A1和A2腳位連接至Raspberry Pi的15、16和18號腳位。請確保Raspberry Pi的3.3V和GND腳位也連接Photon，否則會沒電！

完成後如圖 K 。圖 L 顯示Raspberry Pi已成功驅動Internet Button！

4.準備紅外線LED

在圖 J 中，你也可以看到我們稍後會連接至Raspberry Pi的紅外線LED。使用紅外線LED照明，可以讓你的專題在昏暗的環境下也能運作。請仿照圖 J ，為紅外線LED添加電阻和電源線。我為了省事而使用了跳線（圖 M ），但你可以用焊接的方式。

你需要依照自己的LED來選擇電阻的電阻值。請至ledcalculator.net來確定自己需要哪一種電阻。

打造魔法燈

在《哈利波特》電影裡，奧利凡德的魔法燈看起來有點像古董戶外吊燈，我正是以此為範本。你也可以使用其他種類的燈。我使用的型號在Amazon就買得到，編號為#B001CSMHDM（圖 N ）。我們還看上了Louise Driggers維多利

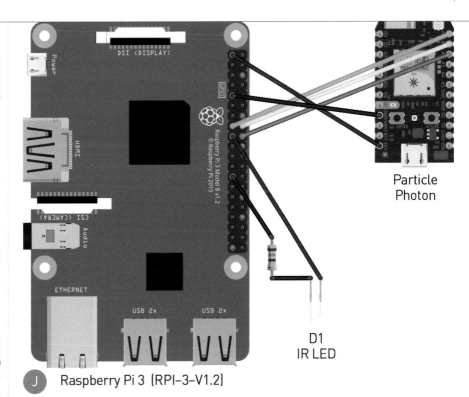

Particle
Photon

D1
IR LED

J Raspberry Pi 3 (RPI-3-V1.2)

K

L

M

亞風格的戶外吊燈（thingiverse.com/loubie），但我們並沒有在這個專題中嘗試！

5.修改燈芯管

我們的 Particle Internet Button 剛好能放進玻璃燈罩，Raspberry Pi 也能塞進吊燈底座，但我們要如何連接 Internet Button 和 Raspberry Pi 呢？

如果我們鬆開燈口，就能移除燈芯（圖 O），其洞口可以讓電線穿過。

目前為止還算順利，但我們還要拿掉燈芯管（圖 P），讓 Internet Button 低調藏身在燈口。

請移除燈口頂端，用磨刻機切掉燈芯管的頂部（圖 Q），或者用鉗子夾著來回彎曲直到燈芯管斷裂。接著將套管重新套回燈口（圖 R）。

現在我們就能將 Internet Button 的電線穿過套管連接燈座了。

6.裝飾燈罩

將燈罩做成霧面，可以發散 Internet Button 的純色 LED 光，營造出魔法燈的氛圍。我採用標準的 Rust-Oleum 霧面玻璃噴霧（圖 S）來製造我想要的效果。

請用膠帶蓋住燈罩頂部，避免沾到亮片（圖 T）。

請放置5～10分鐘讓噴霧乾燥。在噴了5層後，我印上「死神的聖物」圖案，讓大家明白我們正處於魔法世界中（圖 U）。

當然，這也是個讓你發揮創意的好機會，例如印上你的護法圖案或閃電圖案。將你的圖案貼在玻璃燈罩上，並再噴5層。圖 V 就是噴了10層的樣子，看起來真棒！

7.改裝底座

請在底座鑽2個相鄰的洞口（圖 W）：大洞要放置相機鏡頭，小洞則是要放置紅外線 LED。兩個洞口要靠近一些，但也要有足夠的間隔，以免相機模組遮住 LED 的洞口。圖中的兩個洞口幾乎要靠太近了。

現在你必須打開底座來裝入電子元件。請用磨刻機切穿底部（圖 X）。我們很幸運，它剛好放得進 Raspberry Pi。

為了方便拿取和安裝，你可能要多切除一些底座部分。接著用鉗子將邊緣折起，

避免遭尖銳的邊緣割傷（圖 Y）。

8.安裝紅外線LED和攝影機

請將我們已接好電線的紅外線 LED 穿過底座的小洞（圖 Z）。接著，用熱熔膠將 LED 固定好，但請先試放相機模組，確保已預留足夠的空間（圖 AA）。

我們要儘量阻絕光線，以讓相機能更精準偵測紅外線。請裁剪一小片底片或紅外線穿透片，蓋住相機模組的鏡頭（圖 BB）。

用熱熔膠將相機固定在底座內，鏡頭則露出洞口（圖 CC）。請小心不要燒壞模組或接線！

9.組裝在一起

請將 Internet Button 穿過套管，再將套管與底座連接（圖 DD）。

如電路圖所示，將 Internet Button 的電線連接至 Raspberry Pi。將 LED 和相機模組也連接上（圖 EE）。所有的電線和 Raspberry Pi 都要放入底座，並將 Raspberry Pi 連接上電源，大功告成！

你現在有了專屬於你的魔法燈。

來點巫術和魔法

魔法燈內部的 OpenCV 軟體正保持戒備，隨時等著追蹤你魔杖閃亮的尖端。請用魔杖指著魔法燈，將魔杖先往右再往上揮，施展「路摸思」魔咒，魔法燈就會亮起（圖 FF）。

將魔杖先往右再往下揮，施展「吶克斯」魔咒，魔法燈就會關閉（圖 GG）。

將魔杖先往左再往上揮，施展火焰咒，就會產生火焰效果（圖 HH）。

在鏡子中練習施展魔咒吧！

打造專屬專題

現在你已經完成所有的苦差事了，接下來有許多部分可以讓你加入專屬的元素：

» **製造新的燈光效果：** 修改 lightsource.ino 程式碼，用0～255之間的數字，取代 b.ledOn 的 RGB 數值，即可產生各色燈光，例如：

```
b.ledOn(i, 0,255,255);
```

這一行程式碼應該可以讓所有 LED 發出藍光。請不斷嘗試，試出你最想要的效果：閃光、彩虹、節日主題，一切不無可

Sean O'Brien, Hep Svadja

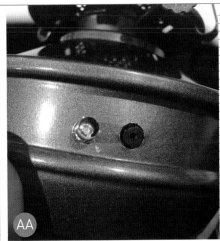

能！

» **增加新的魔咒：**請打開 rpotter.py 腳本，在 **IsGesture()** 加入手勢，在 **Spell()** 加入魔咒，並在 Raspberry Pi 加入相應的腳位（可複製並修改第 55 ～ 56 行來加入新腳位）。請與我分享你的酷炫魔法效果照片！

» **連接更多道具：**如果你有雄心壯志，想嘗試更多高階效果，例如用魔杖打開電扇或觸發伺服機來打開寶箱，不妨透過 Raspberry Pi 的 GPIO 腳位來連接低電壓裝置，或透過 PowerSwitch Tail II 等中繼設備來連接較高電壓的裝置。

　　無論你是魔法師或是麻瓜，我都希望你會喜歡這個專題——創作本身就是一件很好玩的事。你可以到 raspberrypotter. com 逛逛，也許會有其他意外收穫。你也可以與我們分享你的程式碼，我很期待看見你對於效果和改造的新想法。你也可以找到其他值得一試的程式碼和樹莓派魔法學院專題。

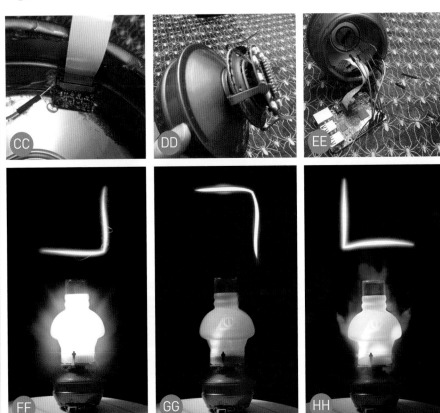

請至 makezine.com/go/raspberry-potter-ollivanders-lamp 看更多照片，並與我們分享你的「樹莓派魔法學院」專題。

文：尼克與希恩娜·布魯爾　譯：謝明珊

GIF It To Me

給我 GIF 相機 打造全世界最有趣的PIX-E GIF相機！

Hep Svadja, Nick Brewer

尼克與希恩娜．布魯爾
**Nick and
Shayna Brewer**
2016年於德州奧斯丁成
立MoonTower Labs
（moontowerlabs.com）。
尼克是一位Hacker／
Maker，喜歡用現代電子學
來改造古董。希恩娜是數位藝術家，創作充滿
美感、細節和趣味。

時間：
5～6小時
成本：
75～90美元

材料

» **Raspberry Pi Zero** 單板電腦，1.3 版本 附有
  相機連接套件
» **MircoSD** 記憶卡
» **Raspberry Pi** 相機模組附連接線
» **3D 列印外殼組件** 請至 thingiverse.com/
  thing:1761082 下載列印檔案
» **鋰聚電池，3.7V，2200mAh 或 2500mAh**
  Adafruit Industries #1781 或 #328，
  adafruit.com
» **Adafruit Power Boost 500C 充電器和電源**
  Adafruit #1944
» **按壓開關，6mm，帶燈** Adafruit #1439
» **USB 無線網卡，很小（非必要）** 如 Amazon
  #B003MTTJOY
» **隨身碟，很小（非必要）** 如 Amazon
  #B00LLEN5FQ
» **開關** 我使用一個很棒的翹板開關，SparkFun
  #COM-08837。你也可以用小型的滑動開關
  （我們有針對這兩種開關分別設計外殼）。
» **USB OTG 轉接器（非必要）** 連接無線網卡或
  隨身碟至 Raspberry Pi Zero
» **機械螺絲：M2×6mm（4）和**
  M2.5×10mm（10）
» **連接線**
» **LED，5mm** 如 Adafruit #297
» **電阻，56Ω（2）**
» **手機鏡頭組（非必要）** 如 Amazon
  #B00XVECB6S

工具

» **烙鐵和焊錫**
» **3D 印表機（非必要）** 你可以自行列印檔案或委
  託他人列印，請參考 makezine.com/where-
  to-get-digital- fabrication-tool-access 搜
  尋合適的機臺或服務。
» **萬用電表** 測試連線狀況
» **剝線鉗**
» **螺絲起子**
» **X-Acto 美工刀**
» **焊接小幫手**，如 Panavise
» **熱熔槍**
» **熱風槍**

**有一天，我接到了朋友麥特・葛里芬
（ Matt Griffin ）的委託**，為2016年世界
Maker Faire的Ultimaker攤位設計一個
3D列印專題，最後我們決定列印一臺GIF
相機。我當時心想，我想要打造一臺可以
用來懷念即可拍時代的相機。

我和我老婆希恩娜一起完成了這項專
題：我負責焊接和列印；她負責設計和製
作相機包裝。你可以在列印並裁剪圖樣
後，貼在PIX-E相機上增添風采。

結果如何呢？這是一臺全客製化3D
列印相機，能以Raspberry Pi Zero和
Raspberry Pi相機拍出簡短的GIF動畫。
它被Hackaday網站譽為「現今最偉大的
技術成就集成，能以最偉大的藝術媒材產
製內容。」我們覺得他們是在開玩笑，但仍
然很喜歡這則評語。

這個相機的每一個部分都可以改裝：

» 希望相機機身有其他的形狀嗎？試試
  修改123D Design檔案。
» 想要有更長的GIF或不同的曝光度
  嗎？從程式碼下手！
» 可以直接上傳到推特或儲存到記憶卡
  或隨身碟嗎？
» 2200 mAh鋰聚電池大約可使用7小
  時，2500 mAh則可以使用約8小時。

只要有中等的自造／列印／編程能力，
任何人都可以輕鬆完成這項專題。以下是
製作方法。

1.準備3D列印相機機身
至thingiverse.com/thing:1761082
列印相機部件，或依照你喜好的顏色列
印。

請將M2.5螺絲拴入3D列印部件，但是
別拴太緊，否則會破壞洞口。這個步驟能
讓你在稍後組裝相機時更容易。

2.安裝軟體
我建議你先設定Raspberry Pi Zero記
憶卡再放入相機。接著，輸入下列指令以
在Raspberry Pi Zero更新軟體套件：
```
sudo apt-get update
sudo apt-get upgrade
```

接著安裝相機（picamera. readthedocs.
org）、GraphicsMagick（graphicsmagick.
org）和Gitcore：

```
sudo apt-get install python-picam-
era
sudo apt-get install graphicsmagick
sudo apt-get install git-core
```

現在請安裝我寫的PIX-E專題程式碼
GitCam：

```
sudo git clone github.com/nickbrewer/
gifcam.git
```

如果你希望PIX-E相機可以直接將GIF
上傳推特，請安裝Twython（github.
com/ryanmcgrath/twython）。

或者，如果你想將GIF存在隨身碟而非
記憶卡中，請安裝隨身碟（raspberrypi-
spy.co.uk/2014/05/how-to-mount）。
用USB OTG轉接器來連接。

3.建立自動載入的腳本
輸入下列指令：

```
sudo crontab -e
```

接著在檔案後面加入這一行：

```
@reboot sh /home/pi/gifcam/ launch-
er.sh
```

launcher.sh腳本是用來執行基本
的gifcam.py程式碼，能將GIF儲存在
Raspberry Pi Zero的記憶卡。如果你想
上傳推特或隨身碟，請依照以下的方式進
行修改：
» 若要將GIF上傳至推特，請編輯
  launcher.sh，將第7行改成：
  ```
  sudo python gifcamtwitter.py
  ```
» 若要將GIF上傳至隨身碟，請將第7
  行改成：
  ```
  sudo python gifcamusb.py
  ```

如果出現「沒有權限」，請執行以下指
令：

```
sudo chown -R pi /home/pi/gifcam/
```

滑動開關

Adafruit
PowerBoost
500C

開關
LED

狀態指示
LED

按壓
開關

(A) 電路圖

Pin 12　GND　Pin 21

Pin 19

Raspberry
Pi Zero

E585460-4121
E4104-L58-1
2000mAh 3.7V

+　-

將PowerBoost的5V和GND腳位連接micro-USB傳輸線，
或者連接Raspberry Pi Zero的5V和GND腳位

我們的軟體設定完成了。

4.連接電子元件

請分別鋪設電子元件的電線，接著安裝到相機內部，再焊接到Raspberry Pi Zero上。

請依照電路圖（圖(A)）連接Power Boost 500C的電線（圖(B)）。

接著，請安裝帶燈的按壓開關（別忘了在LED加裝一顆56Ω電阻）（圖(C)）。

接著安裝連接相機後側的LED。請在正極（比較長的一端）裝上電阻（圖(D)）。

5.安裝GIF相機

請將Raspberry Pi相機模組連接至相機前側（圖(E)），接著，用M2螺絲連接前側和相機機身，務必確保排線的方向正確並小心使用，它很脆弱。

用熱熔膠連接2500mAh鋰聚電池和相機機身（圖(F)）。如果你使用的是2200mAh鋰聚電池，則剛好可以塞入機身右側。

接下來，請用M2.5螺絲連接Power Boost 500C電源板和相機機身（圖(G)），先別急著將電池插入電源供應器，最後再插入即可。

將排線插入Raspberry Pi Zero，用M2.5螺絲將Raspberry Pi Zero固定於外殼（圖(H)），同時安裝按壓開關。

請依照電路圖，將按壓開關、電源板和LED狀態指示燈的電線連接Raspberry Pi Zero（你可以連接PowerBoost的5V輸出端（有標示+和-的接腳）和micro-USB傳輸線，以便驅動Raspberry Pi Zero，或者直接連接Raspberry Pi Zero的GPIO腳位（+5V和GND）。我是用micro-USB傳輸線）。

將PowerBoost的GND和EN腳位連接相機後側的滑動開關，然後用熱熔膠固定LED狀態指示燈（圖(I)）。熱熔膠不用太多，一點點就夠了。

確認開關關閉以後，請將電池插入PowerBoost電源板，應該不會有什麼動

Nick and Shayna Brewer

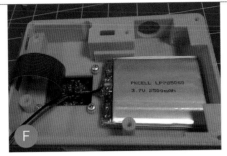

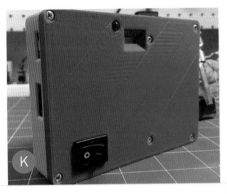

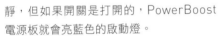

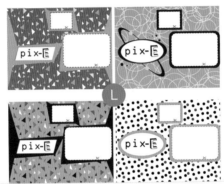

靜，但如果開關是打開的，PowerBoost 電源板就會亮藍色的啟動燈。

如果你希望將 GIF 自動上傳到推特，可以使用 USB OTG 轉接器，將 USB 無線網卡插入 Raspberry Pi Zero。如果你要將 GIF 儲存到隨身碟，也要記得用 USB OTG 轉接器，將隨身碟插入 Raspberry Pi Zero。

若能順利運作，請以 M2.5 螺絲封好（圖 J 和 K），然後去拍攝一些 GIF 檔案吧！

盡情玩 GIF

你的 PIX-E GIF 相機透過左側 Adafruit PowerBoost 的 micro-USB 接口，即可快速充電，一次可持續使用 7 小時。

以下是使用方法：

» 開啟 PIX-E 相機
» 等待相機後側的紅色 LED 指示燈閃爍
» 將相機瞄準你的拍攝對象，按上方按鍵即可開拍

» 紅色 LED 指示燈會亮 4 秒（記錄），接著熄滅（處理）
» 等待紅色 LED 指示燈再度閃爍，即可重複以上步驟

GIF 檔案會儲存在 Raspberry Pi Zero 記憶卡，除非你另外設定上傳至推特或隨身碟。

如果你插上隨身碟，請先關掉相機再移除隨身碟，將隨身碟插上電腦即可取得 GIF 檔案。請在下次將隨身碟插回相機前先更新隨身碟，否則回無法儲存新檔案。

如果 PIX-E 相機會自動上傳 GIF 到推特，請去確認你的推特！

最後一道程序

我們共設計了 5 款可列印的相機包裝，在你列印下來並裁剪後，即可包住整臺相機，營造出 90 年代即可拍的氛圍（圖 L）。從這個專題的網站下載 PIX E WRAPPERS.zip 檔案，將 PDF 檔案以卡紙列印出來，並依照指示摺疊、包裝和黏貼。你也可以在 moontowerlabs.com 預覽或選取個別 PDF 檔案。

你也可以嘗試不同的鏡頭，我們的手機鏡頭可以裝上各式各樣的相機鏡頭組件（圖 M），玩得開心！ ◐

請至 makezine.com/go/pix-e-gif-camera 觀賞相機組裝影片或有趣的 GIF，並分享你的專題吧！

LED 矩陣手提包 2.0

LED Matrix Handbag 2.0

文：黛博拉．安賽爾　譯：孟令函

親手製作可與智慧型手機配對的閃閃發亮托特包，
即時顯示文字、動圖與推特訊息

時間：
2～3週
成本：
150～250美元

Hep Svadja

黛博拉・安賽爾
Debra Ansell

（ geekmomprojects.com ）
原本主修物理和應用數學，
在1990年代中期轉而成為
軟體工程師。網際網路泡沫
破滅後，辭職在家陪伴三個孩子長大；後來
透過擔任創意機器人大賽的教練，重新發現
自己對科技的愛。自此之後，開始發展各種
開源自造專題。

材料

手提包部分：

- » 乙烯基布料或皮革（大約 ¾ 碼）販賣家飾織品的店家可以找到好看的乙烯基布料。
- » 裡布（½ 碼）用來製作手提包內裡
- » 有圖樣的布料（½ 碼）用來製作手提包外層
- » 燙貼夾襯布（1碼）可從布料行購得
- » 拉鍊，長16"（2）一條用於外層，一條用於內裡
- » 自黏式磁釦（6 對）超輕薄款，如 Amazon #B0033PHCU0
- » 布膠

LED 矩陣部分：

- » 彈性 RGB LED 燈條，APA102C 型，每公尺 60 LED，總長 2 公尺 如 Adafruit #2240 或 #2239
- » 彈性乙烯基材料1片（½ 碼）用來做為矩陣的襯底，在許多布料行可以買到。選擇透明款，或跟你的手提包互相搭配的顏色。
- » 外層絕緣包覆絞合線，26AWG
- » 相容於 Arduino 的微控制器 用來測試 5V LED 矩陣。我使用的是 Arduino Uno（5V），也可以使用 Adafruit Feather M0（3.3V），不過就需要搭配邏輯電平轉換器了。

微控制器與電源部分：

- » Adafruit Feather M0 Bluefruit LE 微控制板 Adafruite Industries #2995，adafruit.com
- » 雙向邏輯電平轉換器 Adafruit #757
- » 桶插孔電源連接器（2.1mm）如 Digi-Key #EJ503A-ND，digikey.com
- » 熱縮套管，1" 或 25mm，也可使用絕緣膠帶
- » 隨身 USB 充電電源（5V）用來為 LED 矩陣供電
- » USB 線，2.1mm，桶插孔接一般 USB Adafruit #2697

工具

- » 縫紉機，有拉鍊壓腳
- » 縫紉機配件（非必要）：皮革針、同步壓布腳 以上配件雖非必要但很好用
- » 剪刀
- » 簽字筆
- » 裁布刀（非必要）搭配切割墊和尺規使用，你也可以使用布剪
- » 烙鐵與焊錫
- » 熨斗
- » 長尾夾
- » 電腦 用來編寫 Adafruit Feather 微控制器

Debra Ansell

Ⓐ

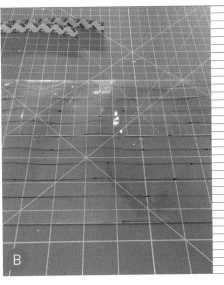

Ⓑ

這是一款閃亮又有趣的配件，適合夜晚出門走跳時搭配；同時也是開啟話題的好方法——這個以布料搭配乙烯基織品製作的手提包上頭有著可拆卸、藍牙連接的全彩 LED 矩陣。

這款手提包閃亮又美麗，還可以跟使用者互動，並以智慧型手機App操控，它可以顯示各種較低解析度的動圖，以及文字圖案——甚至還可以即時接收推特訊息。而且這套 LED 矩陣可直接拆卸，所以你可以將整片 LED 矩陣應用在別的穿戴式自造專題上，例如郵差包或夾克。

這個自造專題最困難的地方是在發想出一個原創、跟 LED 矩陣搭配起來毫不突兀的手提包設計，同時還要夠好看。大約一年前，我設計出了我的第一款推特包，使用了 10×6 的矩陣；但我仍希望能打造出更好看的款式，因此就有了這個 2.0 版本，有著全新的編織矩陣外層，以及更大的 14×8 LED 矩陣。我對整個製作我非常滿意，每次帶這個包出門都超開心。

至於包包要怎麼跟推特對話？請上本專題的網站頁面：makezine.com/go/led-matrix-twitter-handbag。你可以看到兩種不同的編程方式：使用Adafruit.io以及IFTTT雲端服務；另外一種方式是使用專用的Raspberry Pi執行Mosquitto跟Node-RED。

打造專屬推特 LED 手提包

如果你會用縫紉機，我預估這個自造專題大概會需要你6～8小時來製作包包本體；電子部分大概需要8～10小時；最後大概要花6～8小時來完成所有程式編寫。

電子部分製作

1. 打造LED矩陣

將 2 公尺長的 APA102C RGB LED 燈條裁切成每條有14顆LED燈的短燈條，總共8條。用剪線鉗裁剪焊墊之間的線（如圖Ⓐ）。將前 14 顆 LED 連接到 JST

接下來你會看到目前剩下8顆LED，你可以將它們棄而不用或留到別的專題使用；但是記得要留下輸出端的JST連接器，等一下會用到。

> **訣竅：** 大部分的 LED 燈條每 ½ 公尺會有一個連接點，這個連接點的間隔跟其他的部分不太一樣，可能會造成整個矩陣不對稱，所以記得從這個連接點的中間把燈條裁開。

裁切一片約28cm×14cm大小的透明乙烯基襯片。再大點無妨，保留可以進行調整的空間。記得要為LED燈條四邊都留下約1cm的寬度。接著用簽字筆畫出8條互相間隔1.6cm的直線（如圖Ⓑ）。

將 LED 燈條以頭尾相接的方式排列在乙烯基襯片上，這樣電流和數據就可以從一條燈條中流出，再從另一條燈條流入。記得確認連接 JST 連接器輸入端的那條燈條位在 LED 矩陣的第一排。將每條 LED 燈條的背膠襯紙撕下，將它們按壓黏貼至乙烯基襯片上。

2. 焊接並測試LED矩陣

將 26 AWG 絞合線裁切成較短的長度，將LED燈條互相連接。焊接前，將焊墊以

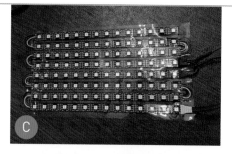

鍍錫鍍上每條燈條及電線的末端,小心不要讓絞合線散開,並確認焊墊都相互鄰接。

在矩陣中央的選一處加焊電線,用來連接電源及接地到其中一條燈條末端,並讓它保持鬆弛的狀態(圖 C)。這些電線會用來為矩陣供電。

現在可以來測試連接狀況了。將你的矩陣連接到 Arduino Uno(5V、GND、4 號腳位連接數據線、5 號腳位連接時脈)上,然後執行 Adafruit 的測試用腳本程式,你可以上 github.com/adafruit/Adafruit_DotStar/blob/master/examples/strandtest/strandtest.ino 下載,以此測試整個電路,確保所有 LED 都正常發亮(圖 D)。

測試完成後,用熱熔膠槍擠出熱熔膠住所有焊點(圖 E)。這樣會提供電線們一些張力緩解,可以避免某些絞線鬆脫造成短路。

3. 接上電源連接器

將 2.1mm 的桶插孔電源連接器焊上前一步驟中未進一步處理的電源線跟接地線,並套上熱縮套管來為電源連接器的電線提供張力緩解(圖 F)。現在這個電源連接器可以連接任何 5V 穩壓電源來為 LED 矩陣供電了。這裡只要用口紅型的攜帶式手機充電器,搭配可以連接 USB 對桶插孔電源連接器的 USB 線,就是很棒的攜帶式電源了。

4. 連接微控制器

如圖 G 所示,將 Adafruit Feather M0 Bluefruit 板和邏輯電平轉換器焊接到位。接著,將步驟 1 中留下來連接 JST 連接器輸出端的 4 條電線,焊接到對應的 JST 連接器,這樣你就可以直接插拔你的矩陣了。

5. 打造外殼

找個盒子或是保護殼來收納所有電子裝置。我 3D 列印了一個上面有孔的盒子,可用來連接 micro-USB 跟 Adafruit Feather。你可以上 github.com/geekmomprojects/woven-led-handbag 下載這款盒子的設計檔。

縫製手提包本體

6. 編織 LED 矩陣外層

矩陣的外層由細條的乙烯基(或皮革)在 LED 周圍交錯編織而成。每顆 LED 之間的間隔是 1.1cm,所以你需要 24 條 1.1cm 寬的乙烯基(或皮革)條。在乙烯基的背面(不朝外的那一面)標示出間隔的寬度,然後用裁布刀尺規(推薦使用)裁切成條狀,或是使用布剪也行。

先將乙烯基條以水平方向排列在一排排的 LED 之間,最上排 LED 的上排跟最下排 LED 的下排也都要各放一條;接著,將其他垂直的乙烯基條與水平的乙烯基條互相交錯編織,編織時要注意讓 LED 只從交錯編織的乙烯基條間的小孔露出。編織時從水平方向的乙烯條的尾端將垂直方向的乙烯基條插入,安排好交錯的織法後,再水平滑動垂直的乙烯基條到正確位置,這樣比較容易操作(圖 H)。記得確定四邊都有乙烯基條包住。做好整個編織外層做好以後,用牙籤點上布膠,確保每條乙烯基條都固定在原本的位置。先從整個編織外層的角落開始,然後延伸到整個外圍,輕柔緩慢地處理所有乙烯基條交疊的地方(小心別黏到 LED)。外圍四周都黏好以後,開始處理中間的交疊處。如此一來將整個編織外層拿起來時,這些乙烯基條就不會隨意滑動了。靜置至少 1 小時以後,將其從 LED 矩陣上拿下,修整凸出的邊緣

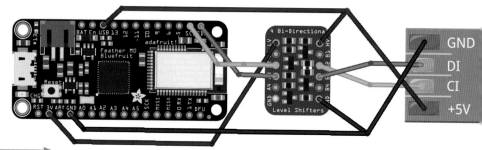

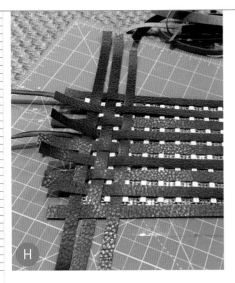

H

I

J

K

L

M

N

O

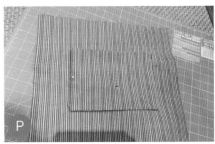

P

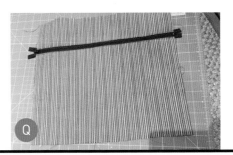

Q

（圖 I ）。

7. 裁切手提包各部件

當外層編織的布膠都乾了以後，開始裁切以下的手提包各部件：尺寸16×9½"的乙烯基（2片）、尺寸16"×5½"的搭配布料（2片）、內裡布料尺寸16"×14"（2片），以及1個用內裡布料做的小口袋，尺寸你可以自行決定。

8. 將外層編織縫上手提包正面

選擇其中一片乙烯基布做為你手提包的正面，然後在上面裁切出一個剛好可以露出整個LED矩陣的孔。整組LED矩陣的大小為21.8cm寬、11.7cm高；不過你的成品跟我的可能會有尺寸誤差，所以一定要自己量量看。接著畫一個符合你LED矩陣四邊大小的矩形，位置落在整個乙烯基布料邊緣向內1½"處，記得要在整個布面中央。畫好以後就進行裁切（圖 J ）。

用布膠在乙烯基布料背面的矩形開口周圍輕塗一條，然後黏上矩形的編織外層。黏上後至少靜置1小時，接著在矩陣開口外圍留出1/8"的縫份，用縫紉機縫一圈，確保外層編織固定在正確位置（圖 K ）。

訣竅： 如果有皮革針跟同步壓布腳，這個縫紉多層乙烯基布料的過程會更加容易。

9. 加上磁扣

磁扣可以讓你隨意拆卸你的LED矩陣，就可以直接將它應用在其他自造專題了。將LED矩陣跟外層編織對齊，然後撕掉磁扣背後的背膠貼紙，將它黏在矩陣周圍。在乙烯基編織外層的對應位置也黏上相對應的磁扣（圖 L ）。大概黏上6顆磁扣就夠了。記得確定在相對應位置的磁扣磁極相異，這樣它們才會相吸。如果你怕黏得不夠牢，你可以用膠帶或布膠加強，我自己是用大力膠帶。

10. 加上搭配布料

拿出你的搭配布料，再裁出兩片比你的搭配布料小一點的燙貼夾襯布，四周要記得保留½"的空間（圖 M ）。接著熨燙布貼，記得遵照產品的使用說明。接著用長尾夾（大頭針會在布上面留下針孔）將搭配布料跟乙烯基布料夾在一起，要確定一下哪面朝上、哪面朝下（圖 N ）。

將搭配布料跟乙烯基布從上緣開始縫在一起，縫份保留½"。用手指按壓將縫份攤平（千萬別用熨斗燙乙烯基布料！）接著在縫份的上下方各縫一道縫線，這樣布料就會保持平整了（圖 O ）。另外一面的乙烯基布料重複以上步驟即可。

11. 準備內裡布料

首先先裁切大約比內裡布料小½的燙貼夾襯布，然後將其熨燙黏貼到內裡布料上。

在內裡布料的背面縫上一個口袋，哪種形式的口袋都可以（圖 P ）。

在內裡布料的正面沿水平方向裁切下一條3"寬的布料，然後沿著裁切下來的邊緣縫上拉鍊（如圖 Q ）。整個製程完成以後，只要將這個拉鍊拉開就可以直接拿出手提包的電子配件了。在拉鍊的上下都縫上水平縫線，整個拉鍊就會變平整了。最後，如果縫完拉鍊後整片內裡布料的高度超過14"，就內裡布料底部修整多出來的高度，讓整片內裡布料的高度保持14"。

12 縫上頂部的拉鍊

用小片的乙烯基布片遮蓋住拉鍊露出的尾端，會讓整個成品看起來更完整。剪下2片2"×3"大小的乙烯基布片，在2"的那一側摺出大概½"寬度的小摺，用長尾夾將其與拉鍊的尾端夾在一起，這樣露出來的拉鍊長度會稍微比手提包的寬度小一點（如圖 R）。然後從乙烯基布料摺起的邊緣¼"處開始，以橫向跟拉鍊縫在一起（如圖 S）。

接著，要將拉鍊與手提包的正面布料縫在一起。在平坦的桌面上將手提包的正面布片正面朝上放置，然後將拉鍊對齊包包的頂端，正面朝下。拉鍊的頂端要記得跟搭配布料的頂端對齊。將手提包正面布片的內裡布料蓋在拉鍊上，正面朝下。用長尾夾將這三樣材料的邊緣夾在一起，再用拉鍊壓腳沿著拉鍊的長端縫製。完成後，翻出包包的背面跟內裡布料。

重複上述步驟，將拉鍊跟手提包的背面布料以及內裡布料縫在一起。完成後，你應該可以用正面的乙烯基布料對正面的內裡布料、背面的乙烯基布料對背面的內裡布料的方式打開整個包包的布片（圖 T）。

下一步，沿著拉鍊的兩條長邊在搭配布料上留下兩條縫線。

13. 縫製外側邊緣

將包包的布片攤開，外側布片的正面相對，內側的內裡布料也正面相對；用大頭針沿著整個包包的周圍先做固定，儘量對齊搭配布料跟乙烯基布料相接的縫線（如圖 U）。

注意： 在縫製包包前，要記得將拉鍊半開；如果不這麼做，等一下要將整個包包翻回正面就會很困難。

然後沿著包包的外圍，留出½"的縫份進行縫製。縫製時跳過外側的拉鍊不縫，再繼續。

14. 修整包包邊角

在把包包翻回正面前，將乙烯基的內裡布料的邊角修成方形，如以下步驟：抓起邊角、攤平、相疊縫線，測量好後標記出

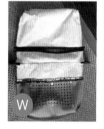

一條3"長、與布縫線呈直角的線，記得確保縫線與縫線儘量完全疊合。

沿著標記的線縫好，縫完後剪下多出來的邊角布料（圖 V）。包包整體現在應該看起來如圖 W 所示。

15. 將包包翻回正面

將整個包包拉起來穿過內裡的開口拉鍊（圖 X），接著將內裡經由頂部的拉鍊拉進手提包裡（圖 Y）。

16. 加上手提背帶（非必要）

在大部分的布料行都可以找到編織帶，將它們裁切成你覺得最適合的長度。

如果要自己縫製提帶，可用兩條3"寬的乙烯基布條正面相對地疊在一起，從長邊保留½"的縫份縫製；然後攤開兩條布條，再以背面相疊，從沒有縫製的短邊摺入½"的縫份塞進兩條布條之間。用長尾夾將兩條布條沿著長邊整個夾住，以¼"的縫份縫過整個長邊，邊縫邊將布條壓平，並同時移開長尾夾。對應的另一面也一樣用¼"縫過。你也可以在布條邊緣的1/8"處加一些裝飾性的縫線。

在將背帶縫上手提包前，將乙烯基布條的尾端稍微捲起一點，夾進布條與手提包之間（圖 Z）。

如果你有皮革針跟同步壓布腳，這個步驟會容易許多。

為你的 LED 矩陣手提包編程

17. 微控制器編程

你的矩陣所使用的Arduino腳本程式碼可以驅動好幾個不同的動圖，也可以透過UART藍牙通訊輸入文字檔案的輸入。請 上github.com/geekmomprojects/wovenled-handbag下載程式碼，在你的電腦上以Arduino IDE軟體開啟此檔案，接著上傳至你的Feather M0 Bluefruit控制板。此程式碼需要安裝FastLED（fastled.io）動態函式庫來控制LED矩陣和Adafruit BLE，也需要Bluefruit函式庫（learn.adafruit.com/adafruitfeather-32u4-bluefruit-le/installing-ble-library）來讓BLE使用你手機或平板上的Adafruit Bluefruit App控制顯示內容。如果你不太確定怎麼在Arduino IDE上安裝函式庫，請上

arduino.cc/en/Guide/Libraries。

重要： 將FEATHER連接上電腦進行編程時，都必須將矩陣連接到分離式的穩壓5V電源。否然你的矩陣會透過FEATHER導入所有它需要的電源，這樣可能會損壞你的控制板。

18. 測試

將程式碼上傳到Feather控制板後，將LED矩陣連接上5V電源。大概等個10秒，你就可以看到LED構成的圖像開始運作了！

19. 使用BLUEFRUIT App控制

如果想要更改動圖案或捲動文字的內容，請在你的智慧型手機上安裝Adafruit Bluefruit App（iOS／Android系統皆可）（圖 AA）。開啟App後，你會看到一個可用的BLE裝置清單，請選擇名稱為「Bluefruit LE」的裝置，連接上Feather板。成功連接後，會有一個顯示Feather BLE資訊的頁面出現（圖 BB）。

點選螢幕下方的UART圖示，就可以透過文字指令或訊息跟你的控制板通訊。（圖 CC）

開始發送訊息吧

現在你可以開始發送指令給你的手提包了，如果指令前沒有打「！」符號，就會直接在手提包上以文字訊息的形式出現，並在手提包上捲動顯示3次。試試看：在螢幕下方的輸入欄打幾個字，然後按下送出。

所有前面有打「！」符號的訊息，都會被解讀為指令。以下幾個指令會改變手提包的顯示方式：

!next 或 **!n**——更換為下一個顯示動圖。

!bxxx——xxx為3位數字，可調整從0～255的亮度。

!pal——改變顯示內容的顏色。

可選擇的顏色已設定於預設程式碼中。

現在你可以帶著你的LED手提包出門秀一下了！

將你的手提包連接上推特

你也可以使用Bluefruit App連接MQTT，讓推特內容自動發送到你手提包的LED矩陣上。MQTT是一種常應用於物聯網通訊的通訊協定。在製作網頁上，我

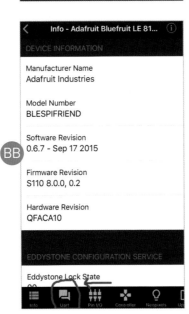

會向你介紹兩種不同的流程，它們都可以使用MQTT來讓你的手提包跟你的推特連接：

➡ **方法一：** 使用2種線上服務——**IFTTT** 和 **Adafruit.io**——來傳遞資訊（圖 DD）。這個方法比較簡單，而且可在網路上自動運作，不過在控制資料時序上的功能較弱。

➡ **方法二：** 如果使用此方法，你需要設定好自己的 **Mosquitto（MQTT）** 伺服器，然後執行一個叫做 **Node-RED** 的圖像工具，它會在不同軟體之間傳送資料（圖 EE）。這個方法需要花費比較多功夫，不過它可以讓你更完整的控制數據，對於新推特訊息的更新速度也更快。我個人是選擇使用專用的Raspberry Pi，不過一般來說只要使用能一直維持網路連線的電腦就可以了。

學習兩種設定方法，請上makezine.com/go/LED-matrix-twitter-handbag

更進一步

我們這次的製作中所使用的LED矩陣為拆卸式，所以你可以輕易地將此矩陣移到其他種類的手提包，或是其他穿戴裝置自造專題中使用。除了這次的手提包自造專題外，我又另外做了一個晚宴包的版本，這樣我有正式的晚宴需要參加時就可以派上用場。還可以調整LED的色彩選擇來搭配不同場合的不同穿著，非常好玩！

你可以試著自行調整顯示在包包上的訊息，只要改變發送到MQTT的訊息內容即可。

除了推特訊息以外，你也可以在包包上顯示新聞或天氣資訊。

或是你也可以再做一個包包給你的朋友，然後同步你跟朋友的兩個包包的訊息顯示，盡情發揮想像力吧！ ◐

瀏覽LED矩陣手提包影片、用Raspberry Pi當做你的MQTT伺服器，或是與大家分享你的作品，請上makezine.com/go/LED-matrix-twitter-handbag。

Willis Carrier: One Super Chill Dude

威利斯‧開利：一個超冷的傢伙

用他於1902年發明的蒸發冷卻技術概念，打造便宜又有效的自製冷氣

文：威廉‧葛斯泰勒　譯：葉家豪

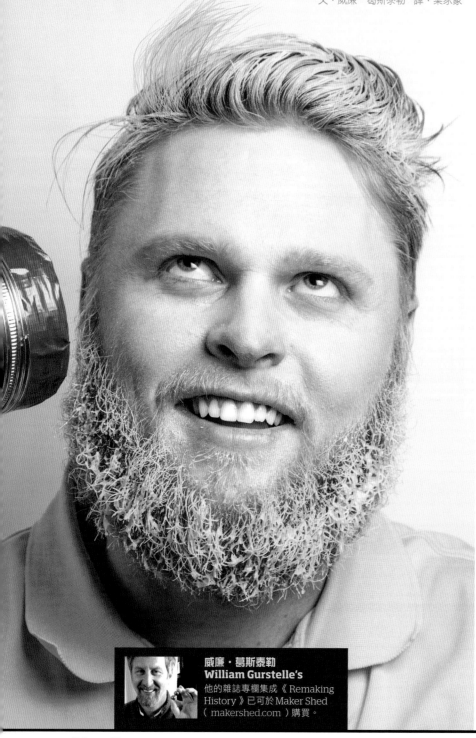

威廉‧葛斯泰勒
William Gurstelle's
他的雜誌專欄集成《Remaking History》已可於 Maker Shed（makershed.com）購買。

在現代空調系統尚未普及的20世紀上半葉，人們的生活與現代大相逕庭。夏季通常都是人們因暑氣而集體消沉的一段時期，商店和工廠常因熱浪來襲而關閉。當溫度和濕度同步飆高時，大部分人唯一能做的事，就是在庭院或戶外防火梯間乘涼閒晃，消耗工作日的大半時間。而當你愈往南方走，熱度就愈令人難以忍受。如佛羅里達州或德州等地幾乎已不適人居，一些公司行號也幾乎不可能考慮落腳在這些令員工生產力低落的地點。

華盛頓特區在夏季最炎熱的那幾天又熱又痛苦，甚至讓威爾遜總統（Woodrow Wilson）無法忍受在白宮內活動。他在白宮的玫瑰園中架設了帳篷，才稍微可以忍受，而不必待在熱到快要窒息的橢圓形總統辦公室裡工作。

但這樣濕黏的狀況，馬上將要被來自紐約的工程師威利斯‧開利（Willis Carrier）於1902年發明的首臺空調系統徹底改變了。開利相當熟悉熱力學，尤其了解當水流從液態轉換成氣態時，會吸收周遭環境的熱量。這個過程包含了「相變」（phase change）和「潛熱」（latent heat）兩種概念，也是現代空調系統的運作原理。

簡而言之，當液體蒸發（相變）至環境中時，同時會冷卻與其接觸的物體或液體。冷卻的程度取決於液體的潛熱特性，也就是液體蒸發所需耗費的熱量。如果有愈多液體蒸發，代表有愈多環境中的熱量被吸收，因此冷卻系統的作用程度也就愈強。

開利第一個冷卻成功的案例應用於紐約市的印刷廠。冷卻的效果好到讓其他的工廠爭相尋找冷卻空氣和除溼——最終稱為空調（air conditioning）的方法。1915年，開利創立了開利工程公司，沒過多久時間，這家公司就已經為全美各地的辦公大樓、電影院及工廠等設計並安裝空調系統。

1930年，開利為白宮西廂安裝了現代空調系統。從此以後，總統再也不用在白宮草坪上的帳篷中運籌帷幄國家大事了。

蒸氣壓縮 vs. 水氣蒸發

要自製一個根據潛熱和蒸發原理的冷氣系統並非難事。我們的自製冷氣系統的基本運作原理，就是將空氣和水混合，然後蒸發水分。當這個現象持續發生時，氣流中大量的能量從人體感受得到、稱作顯熱（sensible heat）的熱能，轉變為感受不到、稱為潛能（latent

Hep Svadja

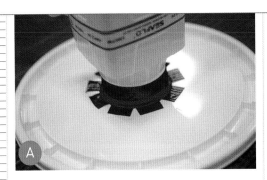

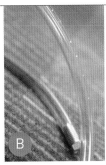

energy）的能量。從送風口吹出的空氣會變得較低溫、濕度也較高。

很重要的一點的是，蒸發式冷卻裝置運作方式與機械蒸氣壓縮製冷系統並不相同。

在機械蒸氣壓縮製冷循環中，冷媒在蒸發器盤管中蒸發後，冷媒氣將重新被壓縮和冷卻，然後重新回到液態。在這個系統中冷媒可以循環使用而且永遠不會進入大氣中，這也是一件好事，因為冷媒相當貴，而且會汙染環境。

相對地，蒸發式系統是建立在水的潛熱特性上，而水蒸汽會帶著空氣一起進入系統中。此時空氣不只冷卻，濕度也提高了——這說明了為什麼蒸發式冷卻系統最適用於乾燥、高溫的環境。

自製空調系統

這臺裝置又稱作沼澤冷卻器（ swamp cooler ），最適合又乾又熱的環境（不過當濕度提高時，冷卻效果會降低）。

1. 用Dremel等公司生產的重型剪刀或磨刻機的切割片在水桶上裁切出三個平均分布的9"×4.5"水平洞口。

2. 用圓規在水桶蓋正中央畫一個3.5"、用來連接塑膠桶的圓形開口，再用重型剪刀剪下這個圓形孔洞。

3. 從蓋子上挖好的洞上方插入連接風扇的圓形進氣管。用防水膠布牢牢固定住。（圖A）

4. 用防水膠布將鋁風管固定在風扇出風口處。

5. 將螺栓塞入乙烯管的其中一端。接下來用錐子在管子上每隔1/2"間距戳一個洞（圖B），往回延伸30"的距離。

6. 將水簾片放進水桶。若有需要可以用剪刀修剪邊緣，讓墊子緊密地與水桶內壁貼合（圖C）。

7. 在水桶內側，沿著水簾片的上緣鑽一對1/8"大的洞，其中一個洞較高。每旋轉90度就重複一次上述的動作，最後總共鑽出4組洞口。

8. 將塑膠管組安將在水簾片頂端，然後用4段4"長的鐵絲穿過水桶上1/8"的洞並固定。小心將挖了洞的管線組維持在水簾片的中央上方處。

9. 將潛水泵的出口與塑膠管組相連接，然後將潛水泵放進水桶底部。將潛水泵連接著的電線埋在水簾片底下，並穿出其中一個9"*4.5"洞口到水桶外。

10. 在水桶中裝入5"高的水。

11. 蓋上裝了風扇的水桶蓋。然後隨你的喜好將鋁風管延長或改變方向。最後將潛水泵和風扇接上電池（圖D）

享受冷空氣吧！根據天氣狀況，你可以創造出華氏15度甚至更低溫的氣流。如果你是用太陽能面板為電池充電，你將造出最低成本、使用最乾淨能源的空調系統。

時間：
一個下午
成本：
50～60美元

材料

» 有蓋子的塑膠提桶，5加侖 直徑約12"，高約14"。
» 電扇或鼓風機，直徑 3"，12V，130 CFM 我使用同軸式船用鼓風機，Amazon #B00F7ANK7S。
» 潛水泵，12V 出口尺寸為3/8"。
» 乙烯管，內徑3/8"，長5"
» 鋁風管，直徑 3" 彎曲可定型。
» 降溫水簾片，30"×13"×1" 如 Dura-Cool 的產品。
» 電池，12V 我們採用的鼓風機需要有 2.5A、12V 的供電，所以12V、7A 的充電電池的使用時間約是 3 個小時。
» 鐵絲
» 防水膠帶，寬 2"
» 螺栓，3/8"，長 3/4""

工具

» 重型剪刀或磨刻機 的切割片（如 Dremel）
» 圓規
» 錐子
» 電鑽和1/8" 鑽頭

你曾為了參加火人祭或夏天野外露營，自己動手做水桶冷氣嗎？至makezine.com/go/remaking-evaporative-cooler分享你的訣竅或觀看更多照片。

William Gurstelle, Hep Svadja

Shock the Monkey

猴子復甦術 為你的填充娃娃裝上會跳動的LED心與刺繡裝飾

文：艾蜜莉・啟克・凱莉・唐恩里
譯：呂紹柔

本專題摘錄自《Make It Glow: LED Projects for the Whole Family》。請至Maker Shed（makershed.com），或美國各大書局購買。

Rory Earnshaw

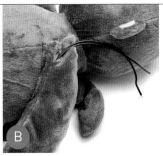
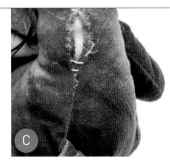

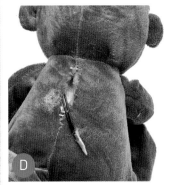
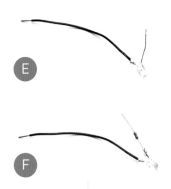
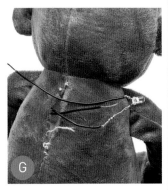

艾蜜莉・寇克
Emily Coker

電路板溝通者、機器人巫師、工作坊之王。她也是一位作家。目前在 Google X 擔任工作坊技術員。

凱莉・唐恩里
Kelli Townley

畢生都是一名創作家及手作家，曾經參與製作電視遊戲、VFX ／動畫及教育等，最近則投身虛擬實境。

你知道你的填充娃娃很愛你——就如同你愛它們一樣。以下就是一種證明的方式！在娃娃內部放一顆會閃爍的LED代表跳動的心，外部則縫上刺繡線展現深深的愛意。

放置開關

1. 用剪刀或是雕刻刀，於填充娃娃的手臂處挖個小洞。最好是沿著縫線切開，如此會比較好縫回去（圖**A**）。接著，將觸摸開關的頭朝下放進手臂，讓引線外露（圖**B**）。（如果你需要將填充物取出一些才能放進開關，完成後再將填充物放回即可。）

2. 小心地在填充娃娃的背後再開一個洞（最好一樣開在縫線上，圖**C**）。請用透明膠帶將引線尾端包覆在一起，接著將引線如鞋帶般穿過填充娃娃，從背後穿出（圖**D**）。接著可以先將填充娃娃暫放一旁。

將 LED 加入電路中

3. 用黑色馬克筆在LED較長的正極（＋）接腳做記號，然後輕輕地將LED的腳分開。用剝線鉗剪下4"長的連接線，並且將兩端外面的絕緣外層去除約1/2"。用烙鐵將一端焊接到LED的負極（－）（圖**E**）。

訣竅： 若要讓焊接過程更容易，請用焊接小幫手幫忙固定所有的東西，拆除絕緣外層時請用尖嘴鉗穩住電線。

4. 用剝線鉗將LED正極的腳裁短（讓電路不會彎曲或損壞），折起電阻一端（任一端皆可）與LED剪短的接腳連接並焊接固定（圖**F**）。可參考訣竅欄目，善用焊接小幫手來幫忙固定所有的元件。

5. 用剝線鉗將開關的一條引線剪短約1"（任一條都可以），接著除去絕緣外層，綁在電阻沒有焊接的那端，再焊接固定（圖**G**）。

6. 將LED兩端都用絕緣膠帶包起來，覆蓋住電阻和所有的焊接點。用熱熔膠覆蓋LED的兩端以避免短路或斷線（下一頁圖**H**）。

7. 測試！將兩條電線連接電池的兩端，確定你的LED會亮。

為你的填充娃娃縫上心

8. 將你的手放進填充娃娃裡探試心（你的紅色LED）可以放在哪裡。用鉛筆或粉筆在內部標記，讓標記不會穿透到表面。用熱熔槍在那個位置塗一團熱熔膠，待熱熔膠具有黏性後，將LED固定在你的填充娃娃胸腔的位置。用手固定直到熱熔膠乾燥（下一頁圖**I**）。

注意： 如果你在放置LED時，需要更多隻手來幫忙扶住填充娃娃，請朋友幫忙吧！

9. 你也可以用鉛筆在填充娃娃外部、LED的周圍畫上心型做為車縫時的輔助。接著用紅色縫線雙線穿過針，由內向外縫紉來藏起線頭，小

時間：
2～3小時
成本：
20～30美元

材料

» **填充娃娃** 你想要改裝的
» **觸摸開關** 含引線
» **透明膠帶**
» **5mm 慢閃型紅色 LED**
» **連接線**
» **電阻，68Ω，¼ 瓦特**
» **絕緣膠帶**
» **紅色繡線**
» **和填充娃娃顏色相近的縫線**
» **鈕扣電池，3V，CR2032 型**
» **鈕扣電池座，CR2032 型**
» **廢布料：1"×1/2"（1），1"×1 1/2"（1）** 任意色

工具

» **剪刀** 最好用縫紉用剪刀
» **雕刻刀**
» **黑色馬克筆**
» **剝線鉗**
» **烙鐵和焊錫**
» **焊接小幫手**
» **尖嘴鉗**
» **熱熔槍和熱熔膠管**
» **鉛筆或粉筆**
» **縫紉針**

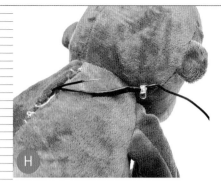

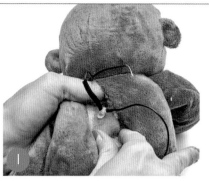

心地在填充娃娃胸口外部、LED的周圍縫出一顆愛心（圖 J）。

10. 用縫線和針將填充娃娃剪開的手臂縫回，將線打好結並剪斷。

11. 請用縫線和針將填充娃娃的背後縫回，請繞過電線縫，讓電線露在外面，然後留大約1"的開口，這樣你可以隨時取得電池（圖 K）。請記得在開口的上下方各打上牢固的結。

將電池座加入電路

12. 請用手拿或暫時用膠帶將電池固定在兩條電線之間。LED有在你的填充娃娃胸口數處發亮嗎？如果沒有，請調整電池。當LED亮起，請留意哪一條電線連接電池的正極（＋），哪一條連接負極（－）。以此得知應如何擺放電池座（圖 L）。

13. 把電線繞進電池座的上部和下部，將正極（＋）接正極（＋）、負極（－）接負極（－）（以這隻猴子來說，上面的線為正極）。放入電池來確認LED有在運作。當所有的東西都準備完成後，請加強兩端連結。用烙鐵將電線焊接穩固，然後用熱熔膠覆蓋其上。接著小心地將電池與電池座放進開口中。

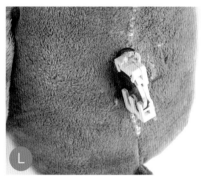

加上電池開關和暗扣，完成！

14. 用縫針和縫線將暗扣的其中一半縫在小塊廢布料中間，另外一半則縫在大塊廢布料的側邊（圖 M）。

15. 用熱熔膠將小的廢布料（暗扣面外）黏在開口側邊1"處（圖 N），接著請確認兩部分的暗扣對齊，將另外一塊大塊廢布料的邊緣沿著開口的另一邊黏上（圖 O）。按下填充娃娃手臂上的觸摸開關，打開跳動的心（圖 Q），然後給你的娃娃一個溫暖的擁抱。手術完成！ ◗

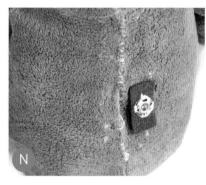

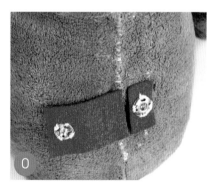

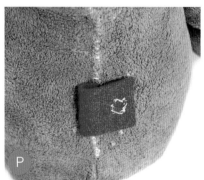

請至makezine.com/go/beating-heart-stuffie與我們分享你的改裝填充娃娃和模型。

Rory Earnshaw

Necktie Glasses Case

領帶眼鏡包 用復古舊領帶打造時尚有型的眼鏡包 文：黛安·格蘭 譯：Madison

黛安·格蘭
Diane Gilleland
手工藝極客
（ craftypod.com ），
著有《 Kanzashi
in Bloom 》和
《 All Points
Patchwork 》。熱愛
英式紙拼布和她的塑
膠畫布。

時間：
30～45分鐘
成本：
0～5美元

材料
» 領帶 不要太細
» 縫線 搭配領帶顏
色
» 魔鬼氈，1/2"
（1組）
» 布用接著劑
» 鈕扣，1" 或以上

工具
» 縫針
» 剪刀
» 拆縫線刀

購買自二手商店的領帶是做小物包的完美
材料：外型優雅，又有內襯墊可以保護你心愛
的小物。此外，只需要幾分鐘時間和一點點手
縫技巧就能完成。以下是用領帶做眼鏡包的步
驟；成品也很適合用來裝鉤針、剪刀、名片或
筆。

1.測量和剪裁領帶
請將領帶平放，背面朝上。將收好的眼鏡放
在領帶上，對齊最寬的一側。將多餘的領帶部
分反摺到眼鏡上，在超出眼鏡外 1" 處裁剪。

2.裁剪處收邊
將多餘的 1" 反摺回來包縫固定。若領帶內
襯凸出，請在手縫時一邊將內襯往內摺。

3.拆開內部
大多數領帶中間的縫線是手工縫製的，必須
依照小物的大小拆除部分縫線。請用拆縫線刀
拆除縫線。只需拆至裝得下眼鏡即可。
若領帶有標籤，請將標籤一併移除。

4.縫起兩側
先將眼鏡放在一邊，依照圖示將領帶摺好。
用針固定上面兩層領帶，並沿著邊緣以平縫或
密一點的包縫縫起。請注意，先縫最上面兩層
——別將眼鏡包的上下兩面縫在一起了！

5.加上蓋子
將領帶的尖端摺起當做眼鏡包的蓋子。將鈕
釦縫在蓋子外側。鈕扣下方用布用接著劑黏上
魔鬼氈，讓眼鏡包可蓋起固定。待接著劑乾燥
後，就可以裝眼鏡了。

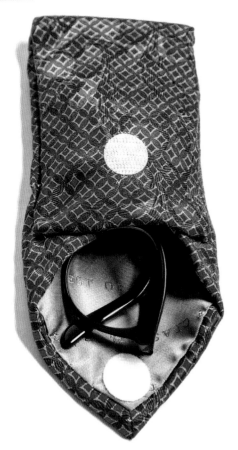

至makezine.com/projects/necktie-
glasses-case分享你的舊領帶升級回收專
題吧。

Hep Svadja, Diane Gilleland

The Dishonest Decider

時間： 一個週末
成本： 20～30美元

文：查爾斯·普拉特　譯：屠建明

黑箱決策器
能偷偷控制
的隨機是／否
決策裝置

你可能看過一種叫「決策器」的小裝置，它會用LED來幫助你做人生是非題的決定。我個人不喜歡這樣隨機的決定，但如果可以假造結果呢？這下有趣了。

假設你的朋友想去一間食物油膩、讓你一想到就胃痛的便宜餐廳。你可以說：「我都可以，但我想看看我的決策器怎麼說。」接著拿出這臺小裝置，將隱藏開關調到

「否」的位置，然後按下按鈕，讓它出現你真正想要的答案。

我還沒看過市面上有賣這種玩具，但只要幾個元件，你就能自己做一個。我稱它為「黑箱決策器」。

基本原理

圖 **A** 的7555計時器（耗電量比555還

Hep Svadja

低）連接為雙穩模式。按下「執行」按鈕時，計時器的 Reset 腳位會被下拉為低態，將輸出變為低態，使代表「是」、「否」和「或許」的 LED 接地。LED 會透過電路底部自由運行的 7555 計時器驅動的十進制計數器來依序閃爍。只要按住執行按鈕不放，LED 就會持續閃爍。

接下來是有趣的部分。放開執行按鈕時，LED 就會停止閃爍，但不是立即停止。計數器的 Disable 腳位是由一個 AND 閘的輸出控制。放開執行按鈕時，上拉電阻會讓通往 AND 閘的一個輸入轉為高態。另一個輸入是否轉為高態，取決於隱藏式旋轉開關的位置，而你已經用這個開關選擇了你想要的 LED。LED 亮時計數器才會停止。

使用黑箱決策器時，你要先偷偷設定開關，然後按下、放開執行按鈕。你也可以讓其他人來按按鈕，因為不管如何，決策器在你做出選擇之前不會停止。

「重設」按鈕會將雙穩計時器的輸入拉到低態，而因為 LED 接地到這個輸出，它並不會亮。這時可以選擇重新調整旋轉開關的位置，同時 LED 會維持不亮。請注意：電路在這個模式下仍然會使用電源，你會需要另一個電源開關來避免電池耗盡。

如果有人懷疑它是一臺黑箱決策器呢？別擔心！只要將旋轉開關調到第四個位置，讓 AND 閘的右邊輸入維持高態，這樣計數器在執行按鈕放開時會隨即停止。現在重複測試決策器都不會有問題，因為它的輸出在這個模式下是真正隨機的。

圖 B 的電路圖包含除了電源外的所有元件。電源可以採用 5V AC/DC 轉接器，或 9V 電池搭配 LM7805 穩壓器。

組裝

為了隱藏旋轉開關，同時又能偷偷轉動，我將它裝在一個 3" PVC 接頭中，這是一種在大型五金行都可以找得到的管線材料。圖 C 是黑箱決策器的完成圖，而圖 D 是它的底座。旋轉底座的動作會轉動內部的開關。底座上有三個木塊做為「腳」，讓你更容易用手握住。

製作這臺決策器時必須相當精確。首先，請檢查塑膠管接頭的內徑，如圖 E。在紙板上鑽兩個小洞，相距內徑的一半，接著用它在 1/4" 合板上畫一個圓，如圖 F。再沿著

材料

- » 計時器 IC 晶片，7555 型（2）
- » 十進制計數器晶片，74HC4017 型
- » AND 晶片，四核 2 輸入，74HC08 型
- » 搖頭開關，超小型 SPST 或 SPDT
- » 按壓開關，常開（2）
- » LED，具內部電阻（建議）：紅色（1）、琥珀色（1）、綠色（1）我用的是 Chicago Miniature Lighting#4302F1-5V、#4302F3-5V 和 #4302F5-5V 的產品。你也可以用一般的 LED，但要加裝 330Ω 電阻。
- » AC/DC 轉接器，5V 你可以用 9V 電池搭配 LM7805 穩壓器和 0.33μF 及 0.1μF 平滑電容（陶瓷）來替換。
- » 陶瓷電容：0.01μF（1）和 1μF（1），用於計時
- » 電阻，10kΩ（4）用於計時和上拉電阻
- » 旋轉開關，4 位置、1 極、單板面，附相應的壓合式旋鈕 亦可使用 2 極或 3 極開關。旋鈕直徑需至少 1"，表面平坦，容易鑽孔。
- » 排針線，長 12"（非必要）和排針座（非必要）用於板外連接
- » 洞洞板，未鍍，孔距 0.1"，尺寸 4"
- » 連接線
- » 適用直徑 3" 廢管的 PVC 接頭 做為外殼
- » 合板，厚度 1/4"，尺寸 12"×12" 以上
- » 圓木釘，5/8"
- » 板金螺絲，平頭：5/8 #4（12）和 1/2" #8（2）
- » 魔鬼氈，雙面，寬 1/2"，長 6" 用於固定電池
- » 透明環氧樹脂膠和硬化劑
- » 砂紙，粒度 100
- » 聚氨酯木漆

工具

- » 烙鐵
- » 電鑽和螺旋鑽頭
- » 鏤鋸或線鋸 用於切割合板
- » 鋼鋸 用於切割洞洞板
- » 刷子或抹布

查爾斯·普拉特 Charles Platt

著有老少咸宜的入門書《圖解電子實驗專題製作》和續作《圖解電子實驗進階篇》，以及共三冊的《電子零件百科全書》。他的新作《Make: Tools》現正熱銷中。makershed.com/platt

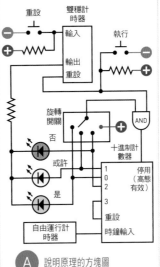

A 說明原理的方塊圖

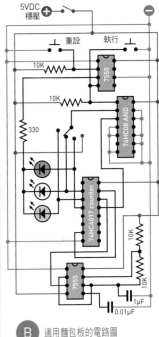

B 適用麵包板的電路圖

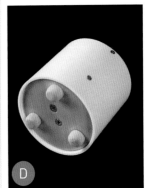

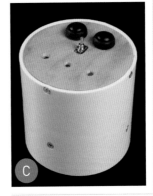

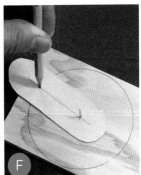

圓周做切割，執行這個步驟最便宜的工具是鏤鋸，如圖 G。

在此我忍不住想提及我的新書《Make: Tools》。它是工作坊工具的百科指南，包含關於鋸子、合板和塑膠等詳細資訊。尤其適用於想要為電子專題製作外殼的時候。

黑箱決策器需要一個 1 極、4 位置的旋轉開關，但你也可以用 2 極或 3 極開關，只要忽略多餘的極和連接點即可。另外，你還需要一個搭配開關的壓合式旋鈕。在 eBay 搜尋「旋鈕開關」（rotary switch），就能以便宜的價格買到這些材料。

圖 H 是一款典型的塑膠旋鈕。請在旋鈕上鑽兩個孔，如圖 I，接著將旋鈕翻過來，穿過木板上的兩個孔用螺絲固定，如圖 J。木板上的洞口必須稍大於螺絲的螺紋直徑，而旋鈕上的孔要略小於這個直徑，讓螺絲能順利咬合。你必須將旋鈕固定在正中央。

要做決策器的「腳」，可以切割 5/8" 的圓木釘，塗上具黏性的環氧樹脂，然後如圖 K 夾住固定。最好在切割前就先用砂紙打磨木釘尖端。

你的旋鈕開關要固定在中央有一個孔的第二塊木板上，如圖 L。開關的螺紋處對

厚度 1/4" 的材料而言通常不夠長，所以可能需要再用黏膠固定。

圖 M 包含了目前我所討論到的部件，其中電池用雙面魔鬼氈固定在中間的部件上。左邊的電子元件配置在洞洞板上，並用黏膠固定在半圓形合板上。

圖 N 是決策器部件組裝方式的剖面圖，而圖 O 是加上頂蓋之前的俯視圖。

電子元件

我會建議你根據圖 B 的電路圖，從麵包板接線開始做起，並閱讀晶片腳位的線上資料表，幫助你在一開始沒有順利運作時除錯。請注意，74HC4017 的實際型號可能會如 CD74HC4017E，但只要有 74HC4017 的編號在其中就沒有問題。（我的著作《圖解電子實驗進階篇》（中文版由碁峰文化出版）對這款晶片有更詳細的介紹。）

為了做出大小可以放入 PVC 管的永久電路，我使用點對點接線來焊接零件。圖 P 是電路板的頂面和底面。請注意底面是以左右相反來呈現。我建議你在切割電路板時使用鋼鋸，因為板子的玻璃纖維材質會使專為木材設計的鋸子變鈍。

我在電路板上放了兩個可以插入排線的排針座，但你也可以直接將 LED、按鈕和旋轉開關的電線焊接到電路上。

由於 LED 是逐一亮起的，因此一個串聯電阻就足以保護三顆 LED。圖 B 和圖 P 中的是 330 Ω 電阻。然而如果你使用三種顏色的 LED，則每顆都需要不同的正向電流才能達到最佳效能。為了避免這個問題，你可以採用具有內建串聯電阻的 LED，例如額定 5VDC 的 Chicago Miniature 產品。這樣一來，我們就可以直接將 LED 接地，省略 330 Ω 串聯電阻，三顆 LED 就能呈現相同的亮度。

善用決策器

若你確實將開關和旋鈕安裝在正中央的位置，將黑箱決策器組裝完成後，底座應該就能自由轉動了。只要多加練習，你就能神不知鬼不覺地操縱它。

有了黑箱決策器，你可能會有一股想要在賭局中當老千的衝動。我不建議你這樣做，不只是因為詐欺是違法的，更是因為我不想在你被抓到遭痛扁一頓時負責。

我希望你能善用它較無害的用途。舉例來說，你可以拿黑箱決策器來變魔術。在

Charles Platt

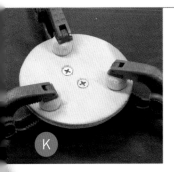

K

L

M

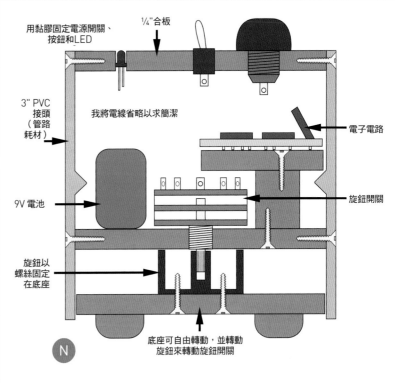

用黏膠固定電源開關、
按鈕和LED

¼"合板

3" PVC
接頭
（管路
耗材）

我將電線省略以求簡潔

電子電路

9V 電池

旋鈕開關

旋鈕以
螺絲固定
在底座

底座可自由轉動，並轉動
旋鈕來轉動旋鈕開關

N

你手上時，它永遠會亮綠燈，但交到別
人手上時，它就會一直亮紅燈，這是因
為你偷偷轉動過底座。拿回你手中時，
它又變回綠燈了。很神奇吧！

　　你也可以用它來算命，畢竟算命師的
角色就是說出別人想聽的話。在企業界
也一樣，如果一位沒有安全感的經理想
要聽聽中立理性的意見來告訴自己這個
決定是對的，黑箱決策
器可以讓這個情況
皆大歡喜──只
要沒有人知
道它背後的
祕密。

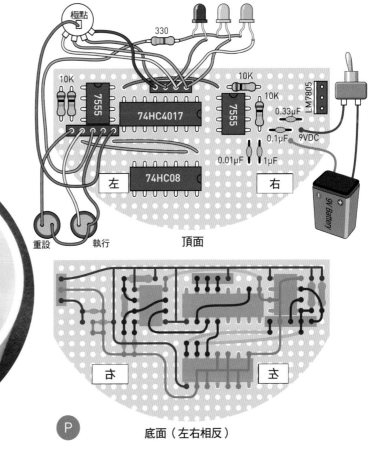

O

極點

330

10K

7555

74HC4017

10K

7555

10K

0.33μF

LM7805

0.1μF

9VDC

0.01μF

1μF

74HC08

左

右

9V Battery

重設

執行

頂面

古

去

底面（左右相反）

P

黑箱決策器可以用來玩什麼把戲呢？歡迎到makezine.com/go/
dishonest-decider分享你的邪惡計劃。

Amped-Up
Drive-In
Speakers

文：丹‧拉斯穆森　譯：孟令函

改造復古揚聲器

為復古金屬揚聲器加入放大器和彩色閃燈

時間：
一個週末
成本：
100~200美元

小時候，我們經常會去露天電影院看電影，像《沼澤地傳奇》和《死亡飛車手》等。這些老電影我都很愛，但除了電影外，露天汽車電影院的超復古金屬揚聲器也為我留下的鮮明記憶。幾年前，我在跳蚤市場找到了那種復古揚聲器，我馬上就將它帶回家了。

在它靜靜躺在我的車庫裡好幾年後，我終於決定要好好整頓這臺復古揚聲器了。除了還給它應有的功能——音效揚聲器外，我還為它加入了更佳的電源供應和新科技，讓它搖身變成20瓦的音響放大器揚聲器組，還搭配一開始會跟著音量改變燈光顏色、接著會跟著音樂節拍閃動的RGB發光旋轉編碼器。整組配置只需要4款現成電路板的內在，並保留原來的外殼，加上做為電源開關的復古搖頭開關，古意十足。

1.打造ADAFRUIT放大器

依照製造商附的數位輸入說明書，不過不要將所有排針都裝上去，只要裝上SDA、SCL、Vi2c、SHDN、Mute、GND、VDD排針即可（如圖 Ⓐ）。

訣竅： 可以搜尋一下或自己繪製AR-DUINO腳位配置圖，因為一旦排針裝上去後，你就很難看到這些接腳的位置了。

2.準備ARDUINO PRO MINI

焊接排針（圖 Ⓑ），接著從專題網頁 makezine.com/go/amped-drive-in-speakers 下載專題程式碼檔案DriveIn.ino，上傳至Arduino。

3.將RGB編碼器焊接到開發板上

將編碼器插入開發板上有RGB標籤的那端，然後將排針焊接至有RG標籤的另一端（圖 Ⓒ）。

注意： 編碼器附加電路板的正反面很容易搞錯，請記得參照照片。

4.將排針焊接至麥克風板

焊上3個排針（如圖 Ⓓ）。

5.連接電源供應器

將搖頭開關和電源供應器依照圖 Ⓔ 配線。請注意，現在搖頭開關是位於只有開關打開才會發光的位置，你也可以將它連接至恆亮的位置（請參照Adafruit的說明書）。

將未連接的電源和接地線接上附加電路板的12V+和－螺絲端子座。之後我們會用放大器的VDD輸出接腳來為Arduino供應電源。

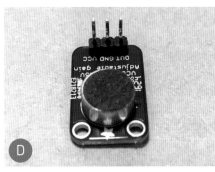

6.連接板子進行測試

你可以用Scotch魔鬼氈將你的電路板固定到工作區來進行配線跟測試。黏一小段魔鬼氈在每塊板子下方（圖 Ⓕ），然後再黏一塊魔鬼氈至用來測試的面板上（只要用夠硬的紙板即可）。

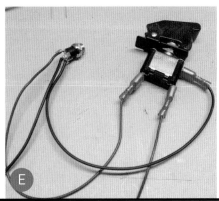

丹・拉斯穆森
Dan Rasmussen
喜歡蒐集、修理和改造各種科技老玩藝。目前，他在醫療器材公司擔任軟體工程師，與老婆、兩個孩子以及一隻會亂咬東西來打發時間的狗一起住在美國麻州。

材料

» 發光旋轉編碼器（RGB）SparkFun #10982，sparkfun.com
» 附加電路板 旋轉編碼器用，SparkFun #11722
» 透明塑膠旋鈕，SparkFun #10597
» Arduino Pro Mini 328 微控制器，5V/16MHz
» 音訊放大器，20W class D Maxim #MAX9744，Adafruit #1752，adafruit.com
» 全頻揚聲器，20W 4Ω（2）Adafruit #1732
» 有蓋式搖頭開關，可發光 Adafruit #3218
» 可調式 Electret 麥克風放大器 Maxim MAX4466，Adafruit #1063
» 跳線，12"，母對母（25）如 Adafruit #793
» RCA 露天汽車電影院揚聲器的金屬外殼（2）我在 eBay 上找到真正的舊品，你也可以在 Detroit Diecast（detroitdiecast.com）上購買復刻品。
» 面板，⅛" 合板 你可以使用 makezine.com/go/upgrade-drive-in-speakers 網站頁面上的模板，裁切後即可使用。也可以至我的網路商店 Retro-Tronics（makezine.com/go/drive-in-panels）購買。
» DC barrel jack 電源供應器，面板用 SparkFun #10785
» Scotch 魔鬼氈 Amazon #B00347A8EO
» DC 電源供應器，12V
» 音源線，音響用，3.5mm 插頭，長度 6'（2）Adafruit #876
» 電纜束，自黏式（4）Amazon #B00SN1BS8G
» 電阻：10kΩ（1）、150Ω ¼W（3）
» 熱縮套管
» 揚聲器線或 2 導體線
» 橡膠護線環（2）（非必要）請選擇適合你的揚聲器線和音源線大小的款式
» 機械螺絲，8-32（非必要）重製揚聲器外殼
» 你喜歡的塗料（非必要）用來為揚聲器外殼上色。如果想要呈現復古的樣子，可以試著用噴的，或直接讓它保持生鏽的模樣。
» 消光黑塗料（非必要）用於面板上色
» 膠帶

工具

» 烙鐵與焊錫
» 電腦以及 Arduino IDE 軟體 請至 arduino.cc/downloads 免費下載。
» USB 纜線，FTDI serial TTL-232 Arduino Pro Mini 編程用
» 電鑽和螺旋鑽頭
» 剪線器／剝線鉗
» 手套
» 電壓計
» 螺絲起子
» 全套螺絲攻，SAE 8-32（非必要）
» 攻牙潤滑油或 WD-40（非必要）
» 配備迷你切割輪的 Dremel（非必要）

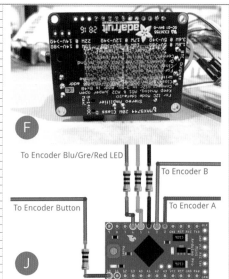

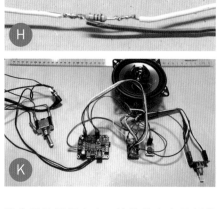

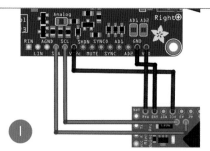

你會使用同樣的魔鬼氈將這些板子固定在揚聲器內部。

7.準備編碼器的電線

每條RGB跳線都需要一個150歐姆¼瓦特的電阻,請依照圖G組裝,然後用熱縮套管將連接處包起來。我喜歡在熱縮套管裡面多加一條額外的電線,讓連接處更緊實。

另外,編碼器的集成電路也需要下拉電阻。這個則是10k。請依圖H所示組裝,並用熱縮套管將連接處包住。

8.連接電子元件

根據圖I、圖J來連接放大器、Arduino、編碼器板和RGB LED。請盡量讓組裝方式簡潔乾淨,最後組合起來時會比較容易。

將你的復古揚聲器連接至放大器左右

端的螺絲端子座上,接著將麥克風板的GND、5V、輸出腳位分別連接至Arduino的GND、5V、類比2號腳位。

連線完成後,請用膠帶固定插頭和電線。編碼器板上的電線要儘量平整整齊,可以讓你容易重新連接,我使用封箱膠帶將它們整理固定成一束小的帶狀排線。

9.檢查所有配置

確認所有的連接處正確無誤,將DC電源線插入母座插座。這時候搖頭開關應該會在你打開時亮起,也應該會看到LED編碼器旋鈕亮起(圖K),並依照紅、綠、藍的順序閃動,然後回到與預設音量搭配的顏色,如果一切順利,表示目前的配置都沒有問題。

使用其中一條音源線將音源輸入插入放大器板。請確認你的音訊來源音量有事先調大一些。現在,你應該可以用編碼器旋鈕來控制揚聲器的輸出音量了。請嘗試旋轉編碼器旋鈕,應該就可以看到燈光的顏色改變。按下編碼器後,燈光就會隨著音樂改變(如果你正在使用麥克風)。再按一次,它就會回到原先固定音量的顏色。

10.準備揚聲器外殼

如果你用的是原版的揚聲器外殼,請先將其拆開,並移除所有裡面的元件。你只需要留下外殼與它的螺絲即可。如果你使用的是復刻版的外殼,你應該會需要用螺絲攻鑽洞以放入螺絲(圖L)。(你也可以使用外殼隨附的自攻螺絲,但它之後可能會脫落。)我從Harbor Freight買了一組便宜的8-32螺絲攻和M8螺絲。慢慢鑽洞,可以使用一些攻牙潤滑油或WD40做

為輔助。操作過程中請記得經常移出螺絲攻清理一下再繼續。

訣竅: 有些復古揚聲器是用安全螺絲組裝固定而成,你必須先將它們鑽出,或者如果這些螺絲夠大,你可以在上面用 DREMEL 迷你切割輪來切割出一個可以使用螺絲起子的洞。

11.左側外殼鑽孔

揚聲器外殼的左側前方需要鑽出3個孔(圖M),鑽孔的大小要符合硬體大小和揚聲器的電線:左側下方的洞則是要安裝搖頭開關,右側下方的洞給電源供應器,右側上方的洞則是給另一個揚聲器的電線。洞的位置不用太過講究。

訣竅: 因為鋁製的外殼有可能會碎裂,所以千萬不要使用中心衝來標記鑽孔位置。請改用簽字筆小心點下小標記,然後使用盡可能小尺寸的鑽頭鑽洞,鑽好後再用最小的鑽頭修飾。只要用品質優良的銳利鑽頭,使一點點力即可。

如果你打算為揚聲器外殼上色,這時可以開始了。請先在外殼上兩層薄薄的底漆,然後再塗上兩到三層的塗料(圖N)。

你也可以在揚聲器的電線孔和原本的鑽孔(用來放音源輸入線)加上護環,讓整個揚聲器的外觀看起來更完整。

12.製作元件面板

將電路板放到裝置面板上,可以讓所有電子元件更整齊地放入左邊的揚聲器外殼,用⅛"(0.125"或3mm)的合板製作元件面板,你可以至makezine.com/go/upgrade-drive-in-speakers網站下載設計好的面板裁剪使用,或是從我的

硬體部分

ARDUINO PRO MINI: 和我大部分的硬體專題一樣,這次我也用一般的 Arduino Uno 做出一個原型;然而它無法放入露天汽車電影院的揚聲器外殼,因此我後來選擇使用 Arduino Pro Mini 製作,便宜、小巧又耐用。

ADAFRUIT 20W 音訊放大器: 在這個專題中我最需要的就是數位掌控音量的功能。我後來決定使用 Adafruit 美麗的 MAX9744 板子,體積小巧,卻具有我所需要的所有功能,音質也令人滿意。

ADAFRUIT ELECTRET 麥克風放大器: 這個外加裝置可以讓你的 LED 顏色隨著音樂的節奏改變,如果你不想要這個功能,可以直接忽略專題中的麥克風部分。其他部分仍會照常運作。

SPARKFUN RGB 編碼器附加電路板: 讓加裝 RGB 編碼器變得更簡單。

網路商店 makezine.com/go/drive-in-panels 購買。

在左側的揚聲器,用膠帶或黏膠將小的平行板黏到大的垂直面板上,使用兩個角撐架固定。至於右側的揚聲器,你只需要使用一個垂直面板即可。我建議在正面的面板漆上消光黑色,比較不會從揚聲器的格柵看到裡面的顏色。

13.放上電子元件

在垂直面板的下部中央孔洞放上編碼器(圖 O),並用隨附的螺絲固定(在放置面板前請先拔下編碼器和麥克風板子,會比較好操作)。這邊的面板也可以當做整個揚聲器內部空間的間隔,畢竟我們所使用的揚聲器和真正的原版揚聲器尺寸有所不同。

在水平的小板子上用 Scotch 魔鬼氈將 Arduino 和放大器板固定在頂部(圖 P),然後將麥克風板固定在底部。放置放大器板時要注意位置,不要碰到外殼的頂部。

先將這三塊板子暫時拿下來,將面板放進外殼,再裝回外殼、DC 電源供應器和搖頭開關。

14.連接右側揚聲器

將右側的揚聲器裝進外殼,用另一個垂直面板做為間隔。在左側的外殼中,你要將揚聲器的線連接到右側揚聲器的放大器板輸出端,然後將線穿過束帶來做防拉固定(如圖 Q)。然後再將它穿出護環的洞,與 2 條揚聲器的連接線焊接在一起。

15.加上音源輸出線

剪下音源線的其中一端,將其穿過位於外殼背面原有的音源線孔。再用一段束帶做防拉固定,然後將三條電線連接至放大器板的 R / – / L 音源輸入螺絲端子,接著使用電壓計測量,決定三條電線分別要接在 tip / ring / sleeve 的哪一端(測試電阻是否近於零)。將 tip 接上 L、ring(在 tip 後段的部分)接 R,sleeve 接地(–)。

將電路板塞入原來的位置(圖 R)並再次確認所有連接處。關上外殼、將透明旋鈕裝上編碼器,完成啦!

打開播放清單

將復古揚聲器掛起來,接上音源。這個 20W 的放大器雖然體積小,音效卻很出色!復古揚聲器上的編碼器會跟著音量的大小改變顏色,你也可以按下編碼器讓燈光跟著音樂節奏閃動,小小的麥克風板會接收音樂,然後 Arduino 就會過濾模擬信號來偵測音樂節奏(多虧有各種開源軟體)並調整燈光。

更進一步

我原本想到可以用藍牙提供無線音訊輸入,不過我發現整個專題會花費更多成本,也會變得很複雜。你可以試試在放大器板上插入車用的藍牙轉接器(如 Amazon #B00LVFPXNC),但我猜金屬的外殼可能會影響信號,如果各位有任何解決這個問題的方法,歡迎與我分享!

不論如何,這些復古露天汽車電影院揚聲器很適合搭配老音樂(當然你想聽時下的流行音樂也沒問題),營造復古氣氛!
◢

請至 makezine.com/go/amped-drivein-speakers 觀看更多照片和影片,並分享你的作品。

Dan Rasmussen, Hep Svadja

1+2+3 彩虹花

文：麗莎・馬汀
譯：編輯部

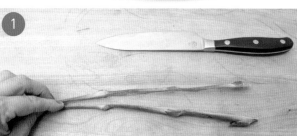

如果你想用花朵來展現創意，除了單純的插花外，你還可以「紮染」！將白色花朵染上美麗繽紛的色彩。

1. 剪莖

將花莖剪成約 12" 至 18" 的長度（莖愈短，染色速度愈快）

移除較大的葉子。

用銳利的刀子，在莖的下段中央切一道長約 6" 的切口。現在，花莖的下段應該有兩根分岔。

如果你想要用超過兩種顏色來紮染，你可以繼續將其中一根分岔從中切開。請保持切口濕潤，因為若切口接觸太多氧氣，花朵會凋謝得更快。

2. 加入染料

每一種染料顏色準備一個裝水的容器，水量應該要儘量覆蓋到花莖切口的部分。在每一個容器中加入 20 至 30 滴食用色素。如果花商有附贈一包保鮮劑，可以將保鮮劑平均分配至每一個容器中。將每一根花莖的分岔放入欲染顏色的容器中，並想辦法將花支撐起來。

3. 等待

幾個小時過後，你應該就可以觀察到花瓣顏色有些微變化了，請繼續等待，約 24 小時後，顏色會變得更加鮮豔。但請不要放置太久——花的壽命有限。最後，請修剪花莖下段，稍加裝飾，便可將花束送給重要的人了。 ✎

時間：
8～24小時
成本：
11～20美元

材料
» 白色花朵
» 食用色素（2色以上）
» 水

工具
» 刀子或剪刀
» 容器 一種顏色一個
» 膠帶

**麗莎・馬汀
Lisa Martin**

馬汀是《MAKE》編輯部實習生。雖然不是專家，但她一生中曾栽種、食用、染色和殺死過許多花朵。

科學！
當花朵在蒸散作用的過程中釋放水分時，外部的水分會經由莖中名叫木質部的細小管子被拉起來。水有著會「黏」在一起的特質，水分子離開植物時，就會將下一個水分子拉起來取代其原先的位置。

1+2+3 Makey 跳跳玩偶

文：麗莎・馬汀　譯：呂紹柔

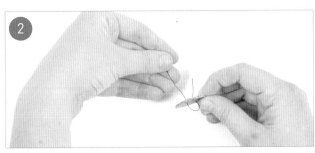

拉拉這隻玩偶身後的線，它的手跟腳就會往上舉。 這個設計非常簡單直接，可以在家以便宜又容易取得的材料製作。

1. 剪下每個部位

總共有五個部位：兩條腿、兩隻手臂、一個頭／軀幹。你可以設計你自己的角色，或是在紙板上跟著版型描繪，然後上色。用小鑽子在各部位要連接的地方鑽洞。

2. 裝入鉚釘

鉚釘可以讓手和腳自由移動，你可以選擇使用兩腳釘或鉚釘，但其實你不需要特別跑去買五金用品。我決定要用電線和紙板自製鉚釘。用紙板剪四個小圓，用小鑽子在每個圓形上鑽兩個洞（就像釦子那樣），然後把一小段電線穿過洞孔，在另外一面纏繞在一起再展開即可。用鉚釘把手跟腳固定在軀幹的背面。

3. 裝線

首先將手和腳調整至你希望它們一開始呈現的位置。將兩隻手臂用一條線連接，確定線有拉緊，末端不要離鉚釘太近，兩邊各用膠水固定。兩條腿再用另外一條線如法炮製。第三條線要與手和腳的線綁在一起，還要留一條尾巴垂下來，長度要超過跳跳玩偶。只要你拉線，紙偶的手跟腳就會起舞。在跳跳玩偶的上頭用線做個環圈，就能用手提或是掛著。

至 makezine.com/go/jumping-jack-toy.與我們分享你的跳跳玩偶！

時間：
60分鐘
成本：
0~20美元

材料
» 厚紙板
» 細線或釣魚線
» 電線或鉚釘 如
mrmcgroovys.com 的
Mr. McGroovy's Half
& Half kit
» 顏料

工具
» 剪刀或美工刀
» 小鑽子
» 膠水

麗莎・馬汀
Lisa Martin

馬汀是《MAKE》編輯部實習生。她在厚紙板上畫畫的時間，比在畫布上還要多，但仍喜歡一展藝術家長才。

客製化！
你可以設計自己的跳跳玩偶人物，或是把你朋友的照片放大後組裝起來。通常這種玩偶都是用紙或是木頭製作，但是也可以用於其他媒材。我自己的是用紙板做的，你打算用什麼新鮮的材料做你的玩偶呢？

Hep Svadja

Experimentation
Inspiration

文：卡里布‧卡夫特　譯：屠建明

實驗靈感　激發你科展靈感的各種有趣專題

了解科學方法

做好實驗的關鍵在於遵循屢試不爽的科學方法。這套從古希臘時代發展至今的步驟包含了各種要素，但最基本的四大階段是：

» 發現問題
» 建立假設
» 預測結果
» 驗證假設

驗證假設時，請記得要設置可靠的控制組，這對分析實驗結果而言十分關鍵。

卡里布·卡夫特
Caleb Kraf

是《MAKE》雜誌的資深編輯。雖然總是積極參與實驗，但他對詳閱說明書通常不感興趣。

Forrest Mims, Sam Murphy, Make Labs, Andrew Sullivan, Gregory Hayes, Alexander Reifsnyder, Gregory Hayes, Hep Svadja

注意：這兩個專題牽涉到高壓電，必須採取妥當的安全措施。

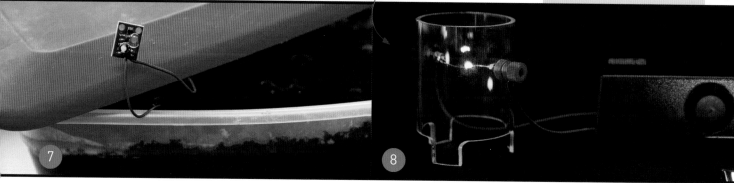

科展季快到了！做好科展的第一步就是挑選有趣的實驗，然後用科學方法來驗證結果。

以下的教學專題可以激發一些可用於科展的實驗靈感。用它們來發展假設、測試假設、記錄結果，然後在 community.makezine.com 上和其他讀者分享吧！

❶ 光反射
makezine.com/go/retroreflectors
製作一套介紹復歸反射特性的實體展示。

❷ 完全密閉的生物圈
makezine.com/projects/tabletop-biosphere
在罐子裡創造迷你的生態系統。

❸ 毆不裂（Oobleck）
makezine.com/go/oobleck
這種糊狀混合物不僅驚奇有趣，更是非牛頓流體的最佳代表。

❹ 腳踏車發電機
makezine.com/projects/generator-bicycle
打造這臺成本不到100美元的專題，就能踩踏固定式腳踏車來發電。

❺ 馬德堡半球
makezine.com/projects/the-magdeburg-hemispheres
展示一位來自17世紀的科學家如何用這個聰明的實驗來說明真空的神奇力量。

❻ 太空船離子推進器
makezine.com/projects/ionic-thruster
打造沒有移動式部件的可運作引擎，和NASA在太空中使用的相同。

❼ 細菌電池
makezine.com/projects/bacteria-battery
用一桶泥漿點亮LED。

❽ 電漿弧喇叭
makezine.com/projects/plasma-arc-speaker
觀看微小的閃電將音樂放送到空氣中。

DEWALT充電式角磨機 120美元 dewalt.com

當我在外工作、或在家裡找不到空插座時，擁有一臺充電式角磨機是件非常棒的事情。我的DeWalt DCG412B充電式角磨機不但能免除工作時受纏繞電線干擾或必須尋找電源的窘境，還能提供強大的動力，讓我可以在更小、更彆扭的空間工作，還能爬進窒礙難行的角落，如汽車車廂裡。

考慮到力矩的狀況，它的電池續航力相當不錯。但若你打算進行大量切割打磨，請記得多準備一些充飽電的電池。在每分鐘8,000轉的作業轉速下，不論是打磨石材或切割金屬，充電式角磨機的馬達依舊強而有力。此外，充電式角磨機容易掌控、且操作方便，即使是像我這樣身材比較嬌小的人也能輕易操作，而且「快速更

換」的設計也能讓使用者更輕鬆、更有效率地更換砂輪。

我已經擁有這臺充電式角磨機好幾年了，每個週末都會用它處理各式各樣的工作，如切割瓦片、打磨拋光金屬、甚至是切割數以千計的金屬材料等。充電式角磨機無疑是外出工具箱裡相當出色的投資。

——赫普・斯瓦迪雅

Hep Svadja

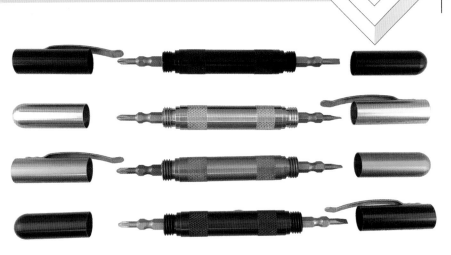

TECHNICIAN'S POCKET螺絲起子

20美元

countycomm.com

當你在維修和調整電子產品時，一套簡單好用的螺絲起子工具組能提供非常大的幫助。Maratac的Technician螺絲起子就是我最喜歡的工具組。

這套使用陽極氧化鋁製成、外型如原子筆的螺絲起子在左右兩端的蓋子底下，都設計了可翻轉鑽頭。你可以翻轉鑽頭來選擇尺寸為 $1/16"$ 或 $1/8"$ 的一字螺絲起子，或是P00或P0的十字螺絲起子。與一般的工具組不同，這組螺絲起子是以熱處理製成的工具鋼打造而成，不會輕易凹折或變形。

我最喜歡這組工具的原因之一，在於它其中一端的蓋子內部放置了釹磁鐵，讓你在工作的時候可以存放一些小型螺絲。這組螺絲起子的手感也很棒，使用起來十分愉快。

——約翰・艾德格・帕克

ALPHATIG 200X
鎢極氫弧焊機

800美元

ahpwelds.com

若要尋找負擔得起的入門TIG氫弧焊機，ALPHATIG 200X鎢極惰性氣體棒焊機是個絕佳的選擇。它採用絕緣柵雙極電晶體和脈衝寬度調變逆變器，可接110V或220V的電源。由於它是交直流氫弧焊機，因此能用來熔接 $1/4"$ 厚的鋁材和 $3/8"$ 厚的軟鋼。購買ALPHATIG 200X時，除了耗材如電極、焊條和氫氣外，幾乎附帶了所有配件。2016年的型號對焊炬和腳踏板做了改良，還新增了球型氫氣流量計。此外該型號也將脈衝寬度可調範圍從 $0.5Hz$ ～ $5Hz$ 擴大至 $0.5Hz$ ～ $200Hz$。

ALPHATIG 200X的操作面板上有9顆旋鈕和3個開關，在操作上可能會帶來一些困擾，基本的使用手冊也非教學手冊。然而我身為自學的新手，從youtube大量的優質教學影片上學到了不少，此外，AHP公司的支援也很有幫助，為我解決了流量計的問題。

ALPHATIG 200X也大幅增進了我的熔接技巧。從陽春焊機升級到擁有真正熔接力量的裝備，意味著我能更輕鬆地工作，再加上雙伏特設計，讓ALPHATIG 200X成為萬能機臺。初次用它為鋁、不鏽鋼和低碳鋼等材料熔接的結果即讓人十分驚豔。

——提姆・迪根

SHAPECRETE
塑型水泥

30美元

shapecrete.com

《MAKE》的每個人都被出現在辦公室的這桶塑型水泥給迷住了，但我是最後能將它抱回家的幸運兒。只需要少許用量就能作業，而且也不太會用髒環境。（由於我只有陽臺大小的戶外空間，我完全無法將一般水泥整桶搬回家）。

雖然我並不會推薦用塑型水泥來代替陶土，但它確實是不錯的造模材料。一開始我並不打算這樣使用塑型水泥，但當我的第一批調料水份比我想像的還要多時（專業訣竅：慢慢地加水），我就臨時起意將調料到入乾淨的沙拉碗中。結果這些調料不但很容易從塑膠碗上取下，還完美無缺地複印了碗底小小的資源回收標誌。

但然而就算是保有最大的濃度，它的材料強度依然不足以支撐其自身的重量，因此若你曾經有過捏陶的經驗，不用期待塑型水泥能有同樣表現。但如果你想讓塑型水泥發揮作用，你會需要一個模具來盛裝或型塑調料的形狀。

——麗莎・馬汀

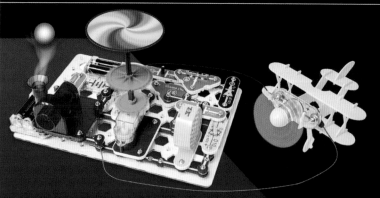

SNAP CIRCUIT MOTION

85 美元

snapcircuits.net

Snap Circuit 是一款有趣的電路板套件，使用免焊接、如積木般扣合的電子元件來讓孩童學習電子學。每一塊 Snap Circuit 積木內部都包含電子元件（如電容），並且在其上標有符號和積木編號以方便辨認。全彩印刷的説明手冊上載有簡單明瞭的説明，幫助孩童了解如何在 10×7 的塑膠基座上順利組裝電路。當一個小專題完成後，看起來就像一個簡單的電子產品。

Snap Circuit 套件有著能組成各式各樣電路的電子元件，包含馬達、齒輪、以及用來進行齒輪比組合實驗的滑輪。套件內也附有動作偵測器、噴氣嘴（air fountain）、可變色 LED 風扇、小模型車及爬行機器人。

——史提夫・舒勒

BOOKS

如何建造太空船（暫譯）

作者：Julian Guthrie

28 美元　penguinrandomhouse.com

我最接近成為太空人的距離，就是穿上道具服和用 Photoshop 修圖的時候。幸運的是，我生在一個私人太空研究機構和商業投資資本家們拉近太空與消費者的距離，而且私人太空旅行每天都有創新突破的時代。長期以來，我都在持續關注美國政府的太空計劃，然而對一個 10 年來都用「太空旅行」做 Google 關鍵字搜尋通知的人來說，我發現我對私人太空發展幾乎一無所知。

《如何建造太空船》這本書描述了太空商業化的發展，以及彼得・戴曼迪斯（Peter Diamandis）、莫哈維航空航天公司（Mojave Aerospace Ventures）、太空船 1 號（SpaceShipOne）太空飛機以及其他角逐 XPrize 大獎的個人和團隊所做出的努力。書中描述了從戴曼迪斯的成長過程、白熱化的 Ansari XPrize 獎項，到麥克・梅威爾（Mike Melvill）和布萊恩・畢尼（Brian Binnie）等人分別完成了太空船 1 號試飛的完整過程，內容絕無冷場。

這些激勵人心的奇人軼事將會驅使你堅持完成自己的夢想。《如何建造太空船》一書細數了有趣又引人入勝的火箭發展歷程，很適合所有的 Maker 或太空迷、尤其是對大氣層邊緣的軌道速度情有獨鍾的火箭愛好者閱讀。

Petr Krejci Photography

KANO COMPLETE

300 美元

kano.me

Kano Complete 內含組合式、由 Raspberry Pi 3 驅動的電腦套件，以及自製液晶螢幕套件。其組裝和程式碼指令非常簡單，讓年齡小至 6 歲的 Maker 都能學會電腦運作的原理，並接觸基本的電腦程式設計。

Kano 開機後，使用者就能立即使用內嵌 Kano Block 程式的客製化版本 Minecraft 學習程式設計。Kano Block 是一款圖像化的程式語言，在電腦裡的外觀就像樂高積木一樣，可以用拉取和放置的方式來移動和編排。積木組合完成後，系統就會將這些積木轉換成 Python 或 JavaScript 語言，或直接在 Minecraft 遊戲中顯示變化。

另外，Raspberry Pi 的 GPIO 腳位也可以用 Python 或 MIT 的 Scratch 語言來控制外部電路或 Pi HATs 電路板。

——SS

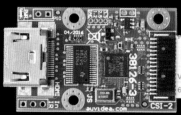

B101

79 美元

auvidea.eu

這款來自 Auvidea 的 B101 模組是 Raspberry Pi 的配件，能讓 Raspberry Pi 讀取來自 HDMI 訊號源的影像資料。B101 並不使用 Raspberry Pi 上的 GPIO 腳位，而是利用 CSI-2 通道──這和 Pi 控制 Raspberry Pi 相機的方式相同。目前支援的最高解析度為 1080P/25，不過這只是軟體的限制。若能夠讀取 HDMI 訊號，等於是為無數新專題新開啟了一扇門──能將 Raspberry Pi 轉變為錄影設備、網路影像連通道或是初階的網路直播系統等。

——泰勒・溫嘉納

2020 PRUSA i3

透過適當的升級，這臺便宜的印表機將大有看頭

文：麥特·史特爾茲 譯：屠建明

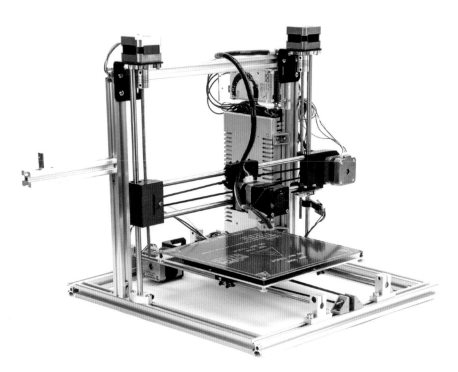

folgertech.com

機器評比 22

垂直表面細緻度	水平表面細緻度	尺寸精確度	懸空測試	橋接測試	負空間公差	回抽測試	支撐材料	Z軸共振測試
2	2	2	3	3	2	4	PASS 2	PASS 2

- **製造商**
  Folger Tech
- **測試時價格**
  270美元
- **最大成型尺寸**
  200×200×150mm
- **列印平臺類型**
  熱床
  （未提供成型表面）
- **線材尺寸**
  1.75 mm
- **開放線材**
  是
- **溫度控制**
  有，工具噴頭（230℃）
  ；熱床（120℃）
- **離線列印**
  有（SD卡）
- **機上控制**
  有（LCD與控制旋鈕）
- **主機／切層軟體**
  Repeteir搭配slic3r
- **作業系統**
  Windows、Mac、Linux
- **韌體**
  開放，Marlin
- **開放軟體**
  有，軟體及韌體
- **開放硬體**
  有，無授權

專家建議

如果可以使用另一臺印表機，你可以先製作Thingiverse等網站提供的升級部件（例如列印冷卻風扇），再組裝這臺機器。因為這是很基礎的套件，升級部件即使不是必要，也很有用。

購買理由

這款超平價的套件等於你所需要的印表機的90%。雖然我認為必須做一些升級，但這代表你不用花錢買一堆用不到的部件。

麥特·史特爾茲
Matt Stultz
《MAKE》雜誌數位製造編輯，也是3DPPVD和位於美國羅德島州的海洋之州Maker磨坊（Ocean State Maker Mill）創辦人。

Folger Tech的2020 PRUSA i3價格300美元有找，而且現在訂購也不用像許多群眾募資的印表機，要等很久才能拿到手。但是俗話說得好，一分錢一分貨，這並不是一臺非常完整的印表機。

極簡的套件

2020 Prusa i3是Prusa i3經典版的變化版本。鋁製框架所包覆的部件多數是金屬材質，只有一部分是專供3D印表機使用的列印部件。這個設計讓它成為堅固而高度模組化、可改造的平臺。

為了壓低成本——加上我認為要讓運送更容易——Folger Tech將模組的一些部件省略了，例如使用者要自己尋找成型表面來覆蓋它的RepRap熱床。如果專題要用PLA列印，還必須列印冷卻風扇。

由於設計簡約，組裝的過程相當單純又快速。如果你從來沒有用鋁擠型組裝過機器，請記得先不要急著將所有螺絲鎖緊，等部件都組裝在一起後再進行，會更容易調整機器。

小調整，大進步

這臺機器的一大優勢在於附有加熱平臺，這在它的價位中很少見。有了加熱平臺，它就能使用更多樣化的線材，而不是只有PLA的變化。

雖然我們的測試顯示列印品質有待加強，但這個問題很容易解決。入門使用者最可能使用的是製造商建議的設定，而且可能不知道調整設定可以有更好的效果。2020 Prusa i3的預設設定就是它的最大缺點。我們是根據機器的預設設定來評分，但我只是開啟Cura並使用預設的i3設定檔，只修改線材尺寸和噴嘴尺寸，列印品質就有很大的進步。

低價競爭者

我認為2020 Prusa i3是Folger Tech不容小覷的一步棋。雖然價格絕對會吸引想要入門的使用者，但對於獨自踏進3D列印領域的使用者而言，這可能不是最好的機器。但如果有專家可以指導組裝的部分，它會是好選擇，而且有了適合的升級，2020 Prusa i3就能媲美五倍價格的機器。◆

超簡單機器人動手做

凱希・西塞里

420元　馥林文化

本書以平易近人的文字帶領讀者從基礎勞作出發，一步步走向時下藝術家與發明家開發的尖端產品。在本書當中，你將會學習如何讓日式摺紙作品「動」起來、透過3D列印技術輸出「輪足」機器人、或者寫程式讓布偶貓眨眨牠的機器眼。在每一個專題當中，我們都會提供詳細的步驟說明，除了文字之外，也有清晰易懂的圖表和照片輔助，在每一個專題最後，我們也會提供專題修正的建議以及拓展延伸的可能性，這樣一來，隨著技巧和經驗更上層樓，你可以一次又一次改善研發，使得專題更加豐富多彩。

圖解電子實驗進階篇

查爾斯・普拉特

580元　馥林文化

電子學並不僅限於電阻、電容、電晶體和二極體。透過比較器、運算放大器和感測器，你還有多不勝數的專題可以製作，也別小看邏輯晶片的運算能力了！做為暢銷書《圖解電子實驗專題製作》（Make: Electronics）的進階篇，本書將為你帶來36個新實驗，幫助你提升專題的計算能力。讓《圖解電子實驗進階篇》帶領你走進運算放大器、比較器、計數器、編碼器、解碼器、多工器、移位暫存器、計時器、光帶、達靈頓陣列、光電晶體和多種感測器等元件的世界吧！

littleBits 快速上手指南：用模組化電路學習與創造

艾雅・貝蒂爾、麥特・理查森

360元　馥林文化

littleBits是個獲獎無數的模組化電路平臺，讓每個人都能擁有運用電路創造的能力。直接組裝，無須焊接、寫程式或接線。不管你幾歲、什麼性別或有多少技術背景，不論你是年輕的自造者、類比音樂家、互動設計師還是STEM／STEAM教師，littleBits是學習電路、用電路創造發明最簡單的工具。

本書由littleBits發明者艾雅・貝蒂爾和《MAKE》編輯麥特・理查森（Matt Richardson）攜手撰寫，是最完整的littleBits指導手冊。littleBits模組化電子平臺為超過70個國家、成千上萬的自造者空間、學校、設計工作室和家庭帶來創意革命。

DIY聲光動作秀：用Arduino和Raspberry Pi打造有趣的聲光動態專題

西蒙・孟克

460元　馥林文化

Arduino是一臺簡單又容易上手的微控制器，而Raspberry Pi則是一臺微型的Linux電腦。本書將清楚說明Arduino和Raspberry Pi之間的差異、使用時機和最適合的用途。透過這兩種平價又容易取得的平臺，我們可以學習控制LED、各類馬達、電磁圈、交流電裝置、加熱器、冷卻器和聲音，甚至還能學會透過網路監控這些裝置的方法！我們將用容易上手、無須焊接的麵包板，讓你輕鬆開始動手做有趣又富教育性的專題。本書將帶領你由淺入深地用Arduino和Raspberry Pi創造並控制動作、燈光與聲音，從基礎開始進行各種動態實驗和專題！

SHOW & TELL

這些讓人驚豔的作品都來自於像你一樣富有創意的Maker

譯：葉家豪

做東西的樂趣有一半是來自秀出自己的作品。看看這些在instagram上的Maker，你也@makemagazine秀一下作品的照片吧！

1

2

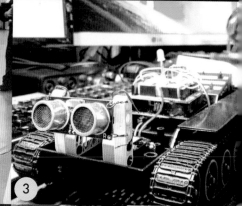
3

4

5

6

7

8

9

1 麥可·瑞格斯比（Mike Rigsby）可口的機器人Mato bot搭載了達9000法拉的超級電容電池，讓她在8分鐘的充電後，可以在接下來的75分鐘內四處亂轉、追著球跑、以及眨眼。

2 Reybotics公司的CEO 哈里博爾托·雷諾索（Heriberto Reynoso）和Early Learning Foundation Academy合作，在南德州地區研發出一臺「讓學齡前的孩子們佔領火星（遊樂場）表面」的裝置。

3 正在學習工程的 維勒·維薩南（Ville Vaisanen）（@villelectric）計劃使用Raspberry Pi和OpenCV程式語言來

4 Junkbot正擺好姿勢，向創造者連恩·羅比（Liam Robb）炫耀他時髦的溜冰鞋。羅比在instagram帳號@tippityplop分享了他的壓鑄汽車專題。

5 9歲的雷·盧莫（Ray Rumore）過去兩年和父親一起完成了這個機器人旅行小伙伴Volt。你可以到makezine.com/go/volt-bot看看更多有關雷和Volt的消息。

6 並非所有的機器人都需要藉由電線和電路來驅動！藝術家葛斯·芬克（Gus Fink）（@gusfink）打造了這些可愛又詭異的玩具，可以在creeplings.com網站上購買。

打造了這臺堅固的小車Canyonero。Canyonero以ROS、Raspberry Pi 3、Arduino和Motor Shield來驅動，並以二手的長板輪軸移動。

8 這一對鋁製和可食用的雙人組已經準備好要和@instantpartypacks一起參加機器人派對了，這要歸功於具有巧思和靈巧雙手的凱薩琳·莎特里（Kathryn Sartori）。

9 尚·麥可米（Sean McCormick）使用Particle Photon、一些伺服系統以及幾塊玩具積木來完成這臺R2-D2的近親：磚塊機器人（Brick Droid），並分享至《MAKE》的社群專題。

請務必勾選訂閱方案，繳費完成後，將以下讀者訂閱資料及繳費收據一起傳真至（02）2314-3621或撕下寄回，始完成訂閱程序。

請勾選	訂閱方案	訂閱金額
☐	《MAKE》國際中文版一年 + 限量 Maker hart《DU-ONE》一把， 自 vol._____ 期開始訂閱。※ 本優惠訂閱方案僅限 7 組名額，額滿為止	NT $3,999 元 （原價 NT$$6,560 元）
☐	自 vol._____ 起訂閱《Make》國際中文版 _____ 年（一年 6 期）※ vol.13（含）後適用	NT $1,140 元 （原價 NT$1,560 元）
☐	vol.1 至 vol.12 任選 4 本，_____	NT $1,140 元 （原價 NT$1,520 元）
☐	《Make》國際中文版單本第 _____ 期 ※ vol.1～Vol.12	NT $300 元 （原價 NT$380 元）
☐	《Make》國際中文版單本第 _____ 期 ※ vol.13（含）後適用	NT $200 元 （原價 NT$260 元）
☐	《Make》國際中文版一年＋ Ozone 控制板，第 _____ 期開始訂閱	NT $1,600 元 （原價 NT$2,250 元）

※ 若是訂購 vol.12 前（含）之期數，一年期為 4 本；若自 vol.13 開始訂購，則一年期為 6 本。
（優惠訂閱方案於 2017／9／30 前有效）

訂戶姓名 ☐ 個人訂閱 ☐ 公司訂閱		☐ 先生 ☐ 小姐	生日	西元_____年 _____月_____日
手機			電話	（O） （H）
收件地址	☐ ☐ ☐			
電子郵件				
發票抬頭			統一編號	
發票地址	☐ 同收件地址　☐ 另列如右：			

請勾選付款方式：

☐ 信用卡資料（請務必詳實填寫）		信用卡別　☐ VISA　☐ MASTER　☐ JCB　☐ 聯合信用卡		
信用卡號		－　　　　－　　　　－	發卡銀行	
有效日期	月　　年	持卡人簽名（須與信用卡上簽名一致）		
授權碼	（簽名處旁三碼數字）	消費金額	消費日期	

☐ 郵政劃撥 （請將交易憑證連同本訂購單傳真或寄回）	劃撥帳號	1 9 4 2 3 5 4 3
	收款戶名	泰 電 電 業 股 份 有 限 公 司

☐ ATM 轉帳 （請將交易憑證連同本訂購單傳真或寄回）	銀行代號	0 0 5
	帳號	0 0 5 - 0 0 1 - 1 1 9 - 2 3 2

※ 請沿虛線剪下